手感家饰植栽

阿尼 著

中原农民出版社
·郑州·

作者序

经过大家的努力，一本横跨“桌上型园艺”与“手作工艺”双领域，系统并能简单依图学习的精美工具书，终于诞生。这本书舍弃了以往工具书中各式各样烦人的表格，以及一堆需要死背的数据与特性，而是利用生态观察和联想衍生法的快速记忆技巧，让你从植物特性联想到生态环境，再配上居家设计和详细且多重组合的技巧工法，完成独特风格的居家饰品小盆栽。

本书是集合了我半生经验的技法大全，搭配上各种美到不行的空间设计巧思，也可说是本风格示范写真书。我列出了一定要推荐给各位的五大理由:

1. 通过观察最简单的生理特征，就能轻松照顾好各类植物的秘诀书。

利用重点分类，内容浅显易懂，从生理特征与特性就能推测植物的理想生长环境。终于可以不用再死背硬记哪些是要全日照、半日照，哪些要多水、少水，因为这些生理密码都会在植物生理上表现出来。

2. 以光照来对居家环境分类，轻松照图比对自家适合哪类植物的分类书。

“每种植物都好美、好可爱，但我家怎么都养不好？难道我真的是传说中的植物杀手吗？”其实，只有极少数是人为过失，先看看你提供的养育环境是否正确，从了解自家的环境分类做起吧！

3. 将“植栽种植”与“多媒材料”组合，详细分类说明的技巧大全。

用“组合盆栽”一词，已经无法完全诠释手作植栽的范畴了。本书帮您整理出各种可应用于植栽风格呈现的技巧，让您能系统地学习并迸发灵感，动手创作。

4. 将风格融入植栽设计并成为居家饰品，为生活成功加分的家饰布置书。

五种经典风格与详细图解示范，让亲手做的小盆栽变成独特的精美家饰。简单地跟着书做，让您轻松搞定风格搭配，成为自己的专属居家设计师。

5. 由阿尼带您去寻宝，绝不藏私的手作园艺材料购物指南。

阿尼到底都去哪里找素材？有哪些优良厂商应该去认识，才能淘到宝物？拿着这本书去拜访吧！绝对会有意料不到的惊喜！

小绿芽创意

目录

【手作杂货风】

【自然简约风】

【复古工业风】

Part 1

植栽基本常识介绍

植物生理特征认识与名词解释

光合作用

植物的叶绿素在吸收光能以后，将二氧化碳转化成碳水化合物的一种作用。所以对于植物来说，光合作用相当于每日的主食。如果植物处于光照不足或无光的环境，就等于断粮绝食，时间一拉长的话，最后会衰弱而死。

呼吸作用

植物细胞分解细胞内的有机物，需要耗费氧气，进而产生能量与释放二氧化碳。因此，若将植物放置在玻璃材质的密闭空间内，玻璃壁面会起雾气。仙人掌的呼吸与碳的固定和转换，都在入夜气孔打开后才会进行。平常白天因为阳光太强，为防水分散失，所以气孔都是关闭着的。

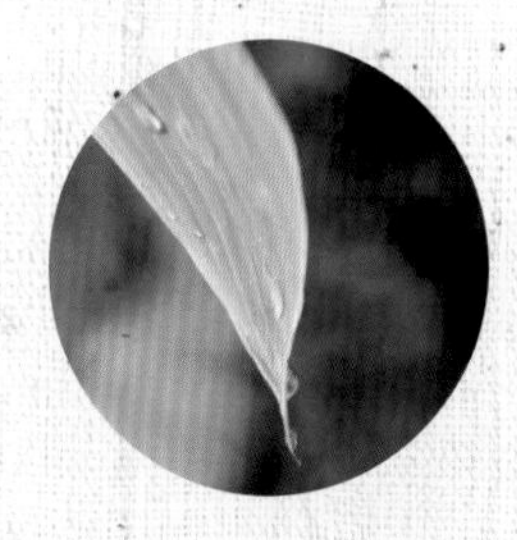

蒸腾作用

水分从植物本体的气孔排出，清晨时叶面上会出现露珠（又称为泌液现象），也是蒸腾作用的表现之一。植物体内的水分拉力，也和这个作用有关。然而植物没有心脏，气孔的蒸腾速度与通风状况息息相关，因此植物生长环境的通风是否良好，关系着植物是否能顺利吸取水分。

顶芽优势

植物的顶芽，在生长时会抑制侧芽的生长，这是为了让养分专送顶芽。若将顶芽切除的话，就会由第二或第三顺位的侧芽生长并递补之。因此修剪的原则是依照去除顶芽优势、促进侧芽分生的概念，以调整出想要的整体树形。

分生组织

植物中有一群具有“细胞分裂分化能力”的原生细胞，分布在各芽尖顶端、根尖、形成层、伤口的愈合组织内。当使用扦插法来繁殖时，这群组织会集中在底层伤口来分化新根。除了芽点外，分生组织聚集在用于伤口愈合的增生细胞中，会直接控制细胞分裂成根细胞或芽细胞。

摘心

用去除顶芽优势的方式，将植物的顶芽摘除，来促进侧芽的增生。例如在一开始只有单根树枝，但我们希望它未来能够呈现一丛的形态时，可以使用摘心的方式，摘掉顶部的芽，让侧芽取而代之地生长。如此一来，可在幼苗初期就促进分枝，达到理想的树形。

根毛

植物的根尖是由薄壁细胞所组成的不规则毛状物，也是根部主要进行离子交换渗透的部位。根毛越多，则接触面积越大，越有利于吸收水分。不过水生植物则不需根毛来帮助增加吸收面积，因此浇水应集中在根部末端，而非树头或喷灌在叶子上。

扦插繁殖

这是一种无性繁殖法。取植物营养器官的一部分（例如带有三节以上的茎），将下层节上的叶子去除，上部的叶子减半，以避免过度蒸腾而失水，接着将插穗插于湿润无病媒的介质上，等待发根。

不定根

若植物从根部到顶端之间有一段距离，那么植物茎节上会产生出不定根。其主要作用是在这段距离之间，增加吸水的面积，并增加附着力，作为支撑与固定植株之用，这种情况大多出现在攀缘性或爬藤性植物上。

徒长

光照不足时，植物会以为上方光线被枝叶遮蔽了，需要快速成长，以高过上方的遮蔽物，因此植物的茎叶会快速吸水增长，细胞壁会变薄、变细，植物容易因长得太高而倒伏。

表面革质或角质化

可作为判定某个植物是否需要全日照的观察方式之一。植物的叶表角质增厚，不外乎是为了防止阳光暴晒以及水分散失，所呈现出来的就是硬革质化的现象。它的触感像皮革般，而且耐晒、坚硬，所以大多会出现在全日照的兰花或蕨类上。

斑叶

植物的叶子呈现非绿色的斑块，称为斑叶，这通常是由不稳定的点突变发展而来。目前市售的斑叶系植物，大多已经呈现稳定的叶斑，但由于这类植物多数都有叶绿素不足的问题，因此需要较强的光照。光照不足的话，叶色容易转绿或生长不良。

下位叶黄化

植物叶子黄化的原因有很多，除了病虫害以外，常绿植物最容易碰上的老叶黄化现象，是因为植物会将最好的养分先往新芽输送，所以输送较快的氮肥，就会先到达新芽！而老叶一旦缺肥、缺养分，当然就会变黄！然而，光照不足则会使得新芽的颜色变淡。

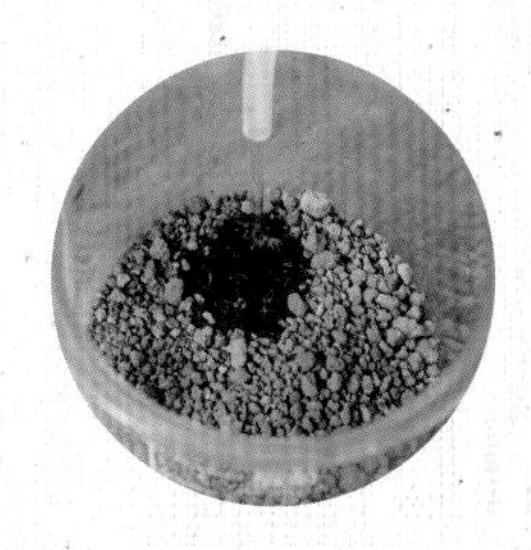

阳离子交换率

又称作“土壤肥力”，指植物在含水土壤中交换各种肥料（氮、磷、钾）和微量元素的能力，即肥料被使用的程度。土壤介质的孔隙越多，那么它的阳离子交换率（土壤肥力）自然越高，也就是说施肥以后肥料交换的效率就越高。

耐阴性植物

这类植物的原生地多在森林的底层，受光率较低，因此在低光照的环境下，仍然会生长得很好。其特征是叶片薄且大，表面像上了一层油的光滑纸张。

苔藓植物

是一种不具维管束的微小植物，分生组织多生长在潮湿的地面与树干上，最常作为禅风设计感的盆景铺面，可在居家附近的潮湿角落采集到。

悬垂植物

植物本身的茎长而柔软，不具有会攀爬的变形叶或攀缘茎。有些植物的分生走茎具有悬垂性，或者姿态柔软，很适合用于吊盆或坡地外墙的悬垂装饰。

攀缘植物

有向上攀缘的特性与能力，具有可扭转的变形叶或茎，这类植物强而有力的不定根，可抓附墙面或树皮等潮湿粗糙的表面，向上生长。

多肉植物

由于生长在不易储水或降水量少的环境，为了能抵抗干旱，植物特化出具储水功能的营养器官，如富含水分的肥胖茎叶，因看起来肉肉的而得名，又称多肉浆植物。

水生植物

生长在水域，为了适应水中生活，而特化出可长期泡水的构造。如增添气室以对抗缺氧环境，亦可漂浮增加浮力，或者表皮薄化让枝叶柔软以对抗水流阻力。这类植物多数生长在广阔无遮蔽的水域，所以对光照的需求极高。

水培（栽培）

一种以水为主要介质的栽培法，适合多种植物。但若无动力水流来增添水中溶氧，则需选择本身就具备耐水特性的滨水植物，如天南星科的黄金葛、龙舌兰科、鸭跖草科等。

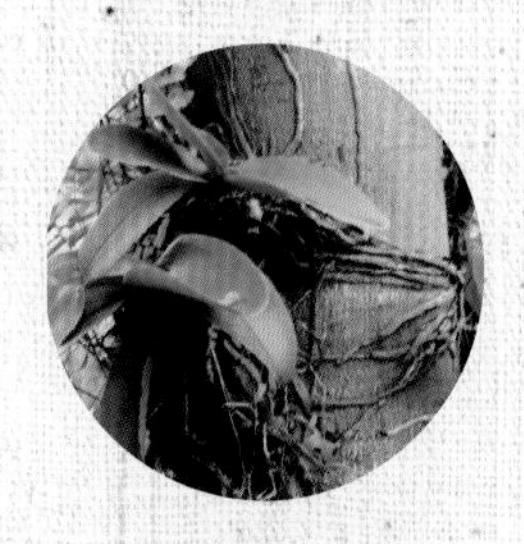

附生植物

植物本体不着根在地上，以不侵害寄主植物的借位依附方式，来获得最佳的光源。通常也需特化出强而有力且能抓取空气水分的攀附气生根，以及能抵抗空中储水不易的特化器官，如兰花的气生根或积水菠萝的杯状叶。

食虫植物

泛指具诱捕能力的植物，其特性为能够诱捕昆虫甚至小动物，并能够分泌消化液将其消化以补充自身养分，主要以诱捕式和粘黏式为主。

缓效肥

除了开始种植前要混合在土壤中的基底肥料以外，种植一段日子以后，都需要再补充肥料。这类补充用的肥料分为两种，一种是水溶性的“速效肥”，另一种则是溶解速度较慢的“缓效肥”。在每次浇水时，缓效肥会以部分溶解的方式，缓慢释放出肥料，其中有些种类的释放时间可达 3 个月之久。

叶孵繁殖

为景天科多肉植物的无性繁殖法，利用饱满无病害的肉质叶，平放在干净的排水介质上，不让伤口接触土壤，进而预防感染。这种利用完整的叶子平放在介质上繁殖的方式，称为“叶孵法”。

小森林

原本是收集木本植物种子作为复育林木的实生苗繁殖技术，但因为木本植物幼苗时期的耐阴性佳，且小叶翠绿又长得缓慢，猛一看如同小小森林，故得此名。

栽培介质

提供植物支撑、附着、水分、氧气、微量元素等离子交换的物质。材质种类非常多，除了天然的矿物介质（如壤土、沙、石）、植物介质（如树皮、蛇木、水苔），还有经高温高压烧制而成的人造介质（如发泡炼石、蛭石、珍珠石），及纤维材质的宝绿人造土或吸水就会膨胀的魔晶土等。不同栽培介质的特性不同，适合栽培的植物也不相同。

居家空间与生态环境识别

全日照区

ex：顶楼阳台、外推露台、一楼庭院

阳光全无遮蔽的直接暴晒区。该区上方没有遮蔽物，除了阴天或乌云外，皆暴露在充足的光线下，与平原、沙漠、海洋、河畔等地方的环境类似。

半日照区

ex：前后阳台、上方有遮阳篷的阳台

相对来说，这类环境的光照约略减半。也就是说，因为可能被墙面或屋顶遮蔽，光照的强度减弱了（并非光照时数减半），例如东西向的坡壁、谷地、山边等。种植在这类区域的植物，不太需要整天强光照射，或是可接受生长环境的上方有些许遮蔽物。

强烈散射光区

ex：窗边、树荫下，或是晒不到阳光的墙面等地方

也许你家的环境无法让光线直射进来，但还是能感受到环境的明亮度，这些光源可能来自对面窗户、墙面的反射，或自家壁面的折射。所以虽然无法接受阳光的直接洗礼，但是这种地方很适合种植耐阴性植物。因这类植物的原生环境，本来就在多数光源都被遮蔽的树荫下，它们已经演化出阔大翠绿的叶片来捕捉光源。

室内人造辅助光源

ex：台灯下

若家里无对外窗，或种植的区块离窗边实在太远，皆为无效光源时，就必须以人工光源辅助。即使是极耐阴的森林底层植物也是需光的，所需的最低光照强度，以我们阅读时不会感到吃力为宜（注意：缺少红蓝光波长的 LED 灯为无效光）。并且光照要长达 5 小时以上，才算有效光。

无效光区

ex：餐厅、卧室、夜店、小套房、浴厕等

主要指室内没有光源，也无灯光辅助，或是有效光照低于 6 小时的地方。植物没有光线就好像没有吃饭，光靠矿物质和水分是会日渐消瘦的。

基本栽培工法与装饰性技巧介绍

单盆植

使用单一盆器搭配单种植物（单棵或密植），来表现植物的单纯姿态、明显轮廓或群聚色块。

组盆植

使用单一盆器搭配多种植物组合（可分层次），做出自然的群组感觉。利用植物的不同叶色与质感做出不同的视觉表现。

绿雕（灌木修剪）

以木本的灌木为主，利用灌木多芽分枝的特性，再用修剪的方式，将其雕塑成想要的形状（所花费的时间会较长）。

苔玉球

源自于日本禅风的盆景艺术，利用青苔将植物根部的土团包裹起来，并用线将其捆绑成球形，作为一种既可观赏又可透气的活植物容器，下方可垫水盘方便吸水。

叠盆

利用两个以上的盆器相叠而成，可制造出不同空间的区块视觉，也可借着高低落差创造出不同的美感。

绿雕（藤蔓牵引）

为架构式牵引的一种绿雕方式，使用的是较为柔软的藤蔓类或攀藤类植物，用牵引的方式固定在事先做好的架构上，任其攀爬生长最后成形。

绿雕（造型苔球）

为植物雕塑的一种，以水苔为主要介质。利用水苔的吸水性和可塑性双重优点，再配上一些小型植物，便可完成造型绿雕。

架构（铝线）

利用可塑性高且耐水不易生锈的铝线，编织而成的一个镂空的容器，具支撑力，可以用来让植物攀附或当作容器。

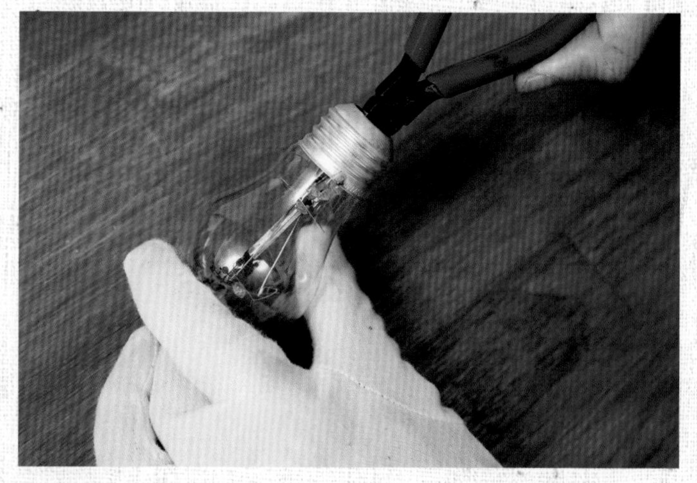

旧物利用

在乡村风和杂货风的居家设计中，经常会利用“改造旧物”的方式来赋予物品新的风格意义。不论是不再使用的日常生活器皿、旅行时买的纪念品，还是买东西时收到的赠品，都可以动用一点巧思搭配各种植物来绿化居家环境，使旧物重新找回价值。

手作花插

利用随手可得的防水配件，例如铝线、铁片、可干燥耐水性佳的球果木片，或防泼水缎带所做成的手感摆饰，可插在叶丛中作为装饰。

无土水培

不用土壤，而是用其他耐水性介质（如沙石或魔晶土等作为固定支撑用）或使用耐水性材料提供介质（水）所缺乏的支撑力，就能避免植物因为无法支撑而倒伏。

盆表点附

一种盆器改造法，在盆器的表面贴附不同的材质，使其改变颜色、触感、视觉等。贴附其他材质时需要注意黏着剂是否防水。

架构（自然素材）

利用天然干燥且有硬度的素材，比如藤蔓，编织成藤球或立体的篮子，亦可结合沉木枯枝，作为镂空的天然架构。

容器改造

将容器改头换面，比如改变颜色（上漆）、破坏重组等。重点是改造后与植物及现场摆设的风格能一致。多数用回收容器改造。

群组搭配（小造景）

利用植物品种的叶色差异，以及高低层次不同的群组来组合搭配，使容器内原本的植物自然地产生一个小型的生态群落造景。通常为了使空间区隔清楚，还会加一些小型配件，让想表现的造景风格更加明显。

创造性容器

使用本来非栽种用途的容器或多媒材料，用架构或重组的方式，使其成为一个全新的植物容器，主要也是为了搭配居家风格而设计的。

版画

将植物本身当作画笔，种在类似画框的容器中，并可被垂直栽培甚至挂在墙上。栽培介质要能够抵抗植物的重力，并能附着固定植物，如水苔等。给水的方式也会因为垂直栽培的方式而有所改变。

综合媒材应用装置

使用前述两种以上的技巧工法，搭配不同素材以及植物，综合应用组合出来的中大型装置艺术品。

玻璃花房

顾名思义，就是仿照玻璃温室或花房，以透光的玻璃作为主要材质的空间。玻璃的透视感是最主要的视觉效果，将植物种在其中，看起来就像个迷你可爱的玻璃花房。

自然素材配饰

常使用在自然造景的盆栽中，比如把一些原本存在于自然界中的石头、枯木、干燥果实等素材，拿到设计中当成缩小的地景元素。

枯山水

为日本寺庙僧侣在修行时所创造出来的造园技术，是一种“化石为岛山、化木为树林、化沙为江海”的自然观想方式。呈现出没有真实流水、山石，但又隐含细致山水的效果。其中，利用沙耙稳定地耙出水流波纹，对制作者来说，更是一种训练定力和体力的禅宗修行。

图腾密植

将不同的植物色块，以单株距非常贴近的方式密集地种植在一块。从远处看起来，叶色的组合排列就像是一个密集点画图腾。

自然素材附生

使用自然素材例如木头、石头让植物攀附其上，仿照原本自然界附生植物的生长方式。利用水苔保湿以及车缝线固定，可预防初期未定根时水分不足而造成的脱水干枯现象。

故事性摆饰

要使作品具有故事性，或者让人一眼就聚焦的最好方式，就是使用可爱又迷人的小型人偶或精灵玩偶摆饰， 原本平淡无奇的绿色盆栽，立刻多了一点故事性与趣味性。

Part 2

活用设计改变你家的居家风格

古典华丽风

西方的古典艺术，多有金属光泽和花草蕨叶等图腾浮雕。
材质多为铸铁和石材，曲线以几何和对称为主。

冠军杯

准备

植物：鹿角山苏（鸟巢蕨）

资材：冠军杯、黑胆石、亚克力珠、1.5mm铝线

工具：徒手

环境：强烈散射光区

浇水：土表略干就浇水，可喷水提高湿度

步骤

Step 1　将山苏脱盆，并剥去部分的土团。

Step 2　小心翼翼地将山苏连同土团一同塞入盆器。

Step 3　土面铺上黑胆石。

Step 4　将铝线穿过亚克力珠后，并包覆珠围。

Step 5　慢慢旋转珠子使铝线呈现同心圆状（同心圆花插）。

Step 6　尾端留长，并且在末端折一小折，防止滑动。

Step 7　多做几根后，以放射对称的方式装饰于绿叶中。

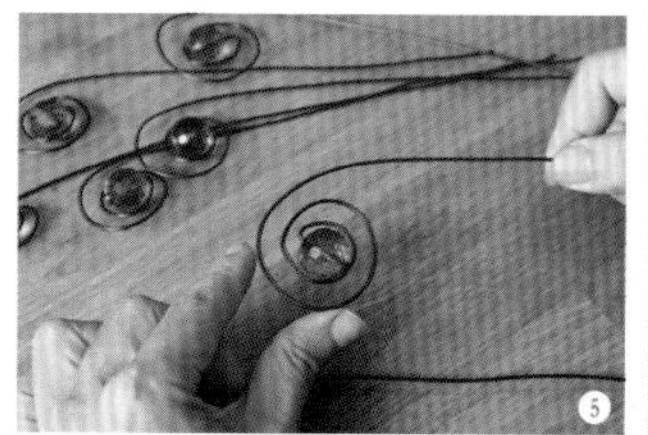

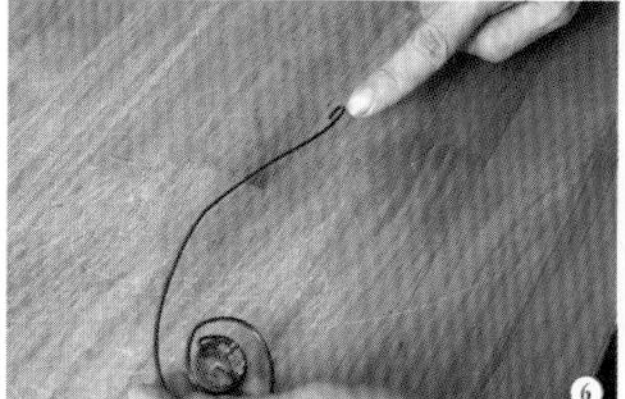

古典画框

准备

植物： 水晶花烛、千年木、合果芋、熊猫竹芋、变叶木

资材： 画框、金色花器、1.5mm铝线（金色、黑色）、贝壳片

工具： 钉枪、剪刀

环境： 强烈散射光区

浇水： 土表略干就浇水，可喷水提高湿度

步骤

Step 1 用钉枪以对角的方式，将黑色铝线架成底网。

Step 2 再使用新的黑色铝线，以不规则曲线的方式来铺满画面，并用钉枪固定。

Step 3 将花器用铝线固定于角落作为备用。

Step 4 翻至正面，将植物丰富地栽种至满盆。

Step 5 主体的边缘，以金色铝线穿过贝壳片，来装饰周围。

Step 6 另外同前页冠军杯“同心圆花插”的做法，做几根装饰于叶中。

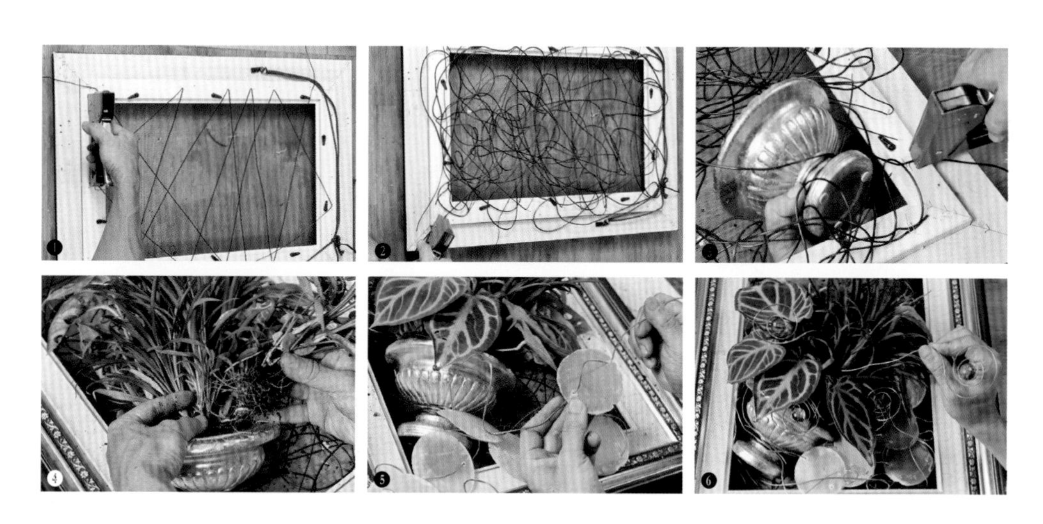

罗马柱观叶组合（彼德麦雅半圆）

准备

植物：熊猫竹芋、孔雀竹芋、银道竹芋
资材：罗马柱花器、金色铝线
工具：剪刀、镊子、圆口钳
环境：强烈散射光区
浇水：土表略干就浇水，可喷水提高湿度

步骤

Step 1　将所有的植物分别脱盆，并保留完整的土团。

Step 2　分成带土的小株，以利排列组合。

Step 3　以想要的图腾去排列种植，要注意的是，叶片高底起伏的弧度，需保持“齐头式圆弧”。

Step 4　将金色铝线剪成一段一段的，然后把这些铝线的两端插入土壤中，其弧面的高度必须要配合植物叶子的弧度，围绕成一个镂空的金色圆弧外框。

Step 5　再剪数段金色的铝线，将其中一段的末端，卷成较大的蚊香卷装饰，插入上一步骤中圆弧外框的表面，用来增加金色线条的密度。

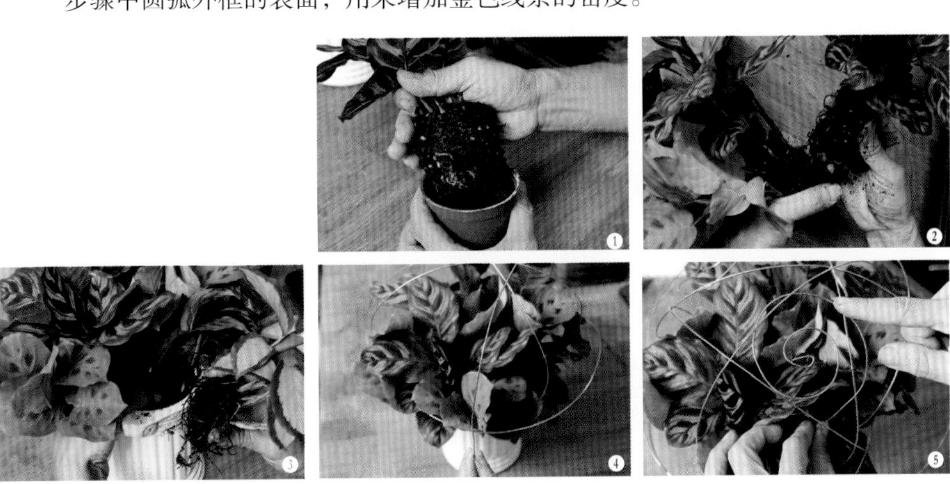

烛台

准备

植物： 心叶蔓绿绒、白斑黄金葛

资材： 银色烛台、圆柱玻璃花器、浅蓝亚克力珠、1.5mm铝线、透明胶带

工具： 剪刀

环境： 强烈散射光区

浇水： 玻璃杯蓄满水即可

步骤

Step 1　将银色铝线分别揉卷成两块不规则网状，A块直径约10cm，B块直径约30cm，作为备用。

Step 2　将玻璃花器用透明胶带固定在烛台上，取A块铝线网，中间稍微拨开，形成甜甜圈状，包覆在衔接处作为装饰，并且将铝线末端倒卷，以免其凸出刺伤人。

Step 3　另外再取B块铝线网，将中间往下拗出一个漏斗形，然后将洗去泥土的植物抓成束后，投入漏斗内。同样要将铝线末端倒卷，以免其凸出刺伤人。

Step 4　为增加花束的稳定度，可将漏斗状的网和根部稍微拉长，一来可增加吸水面积，二来可防止植物滑出。

Step 5　最后找条铝线，每隔一段距离就穿过一个亚克力珠。

Step 6　将穿好的亚克力珠串，装饰在花束的上方即完成。

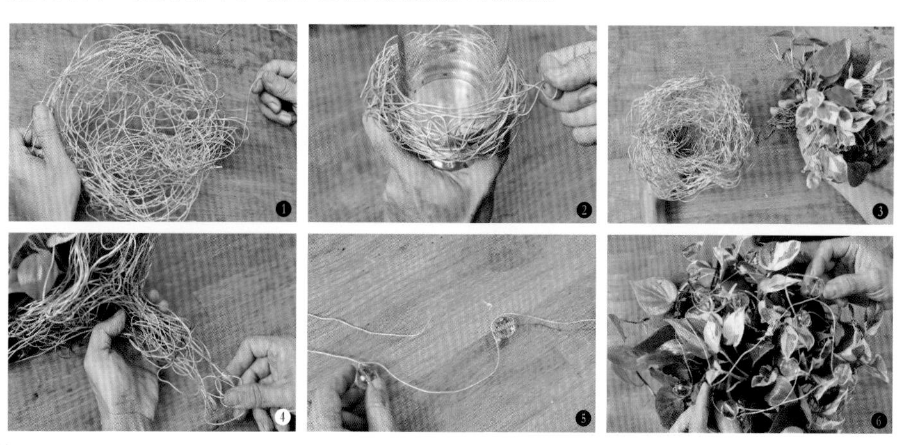

为何要将铝线架构和多肉植物做成分离式?

一来可方便日后管理，万一需要补植或更换植物的话，非常便于取下来操作；二来在浇水时，也可以直接将水苔盘取下来泡水。

铝线钥匙造型吊挂架

准备

植物：黄金万年草、特叶玉蝶、月影、雅乐之舞
资材：兰花铁丝、铝线、 水苔、车缝线
工具：剪刀、圆口钳、镊子
环境：全日照区、半日照区
浇水：每周将可活动的水苔盘取下泡水

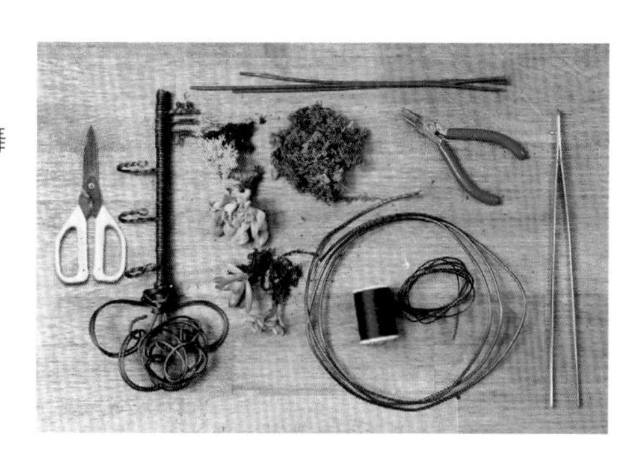

步骤

Step 1　取三段约20cm长的兰花铁丝，用铝线从头到尾全部缠绕。钥匙尾部和中段可用圆口钳自行折出想要的钥匙齿，中间可依需要留线做钩子。

Step 2　卷到钥匙头部时，兰花铁丝的末端分开，尾端用钳子卷成钩状。并往下继续，将铝线缠成钥匙握柄的梅花形状（如图示）。

Step 3　将多肉植物的根部，以水苔包覆成小苔球（水苔不宜过多并尽量压扁）。

Step 4　用另外一条铝线做成一个小型圆盘状，并且将苔球固定在上方。

Step 5　固定好多肉苔球的圆盘后，后方记得预留挂钩与钥匙组合。

Step 6　完成。

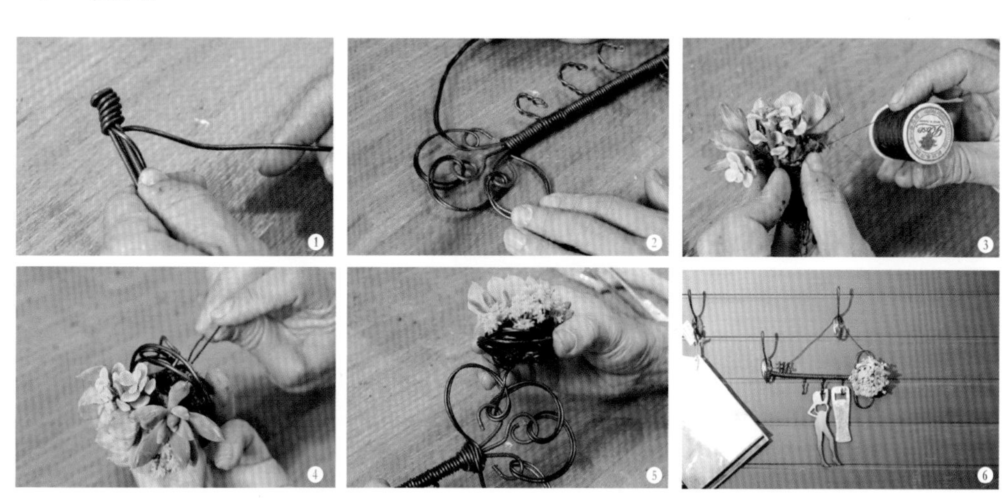

银色水滴（水培）

准备

植物： 水晶花烛、黄金帝王蔓绿绒、红蝴蝶合果芋、阳光心叶蔓绿绒

资材： 银色贝壳花器、2.0mm铝线（银色）

工具： 剪刀

环境： 强烈散射光区

浇水： 容器装满水即可

步骤

Step 1　将铝线弯折成不规则状。

Step 2　将不规则的铝网慢慢塑成水滴形，最后形成一大颗“水滴”。

Step 3　将水滴形的铝网中间拉出一个洞。

Step 4　将洗去盆土的植栽用花束的抓法抓成水滴形捧花状。

Step 5　将花束套入刚刚做好的水滴形铝网中，并拿数条铝线，从基部缠绕至上方花面后，绕至尾部固定。

Step 6　最后将花束投入花器中，并加水至九分满即可。

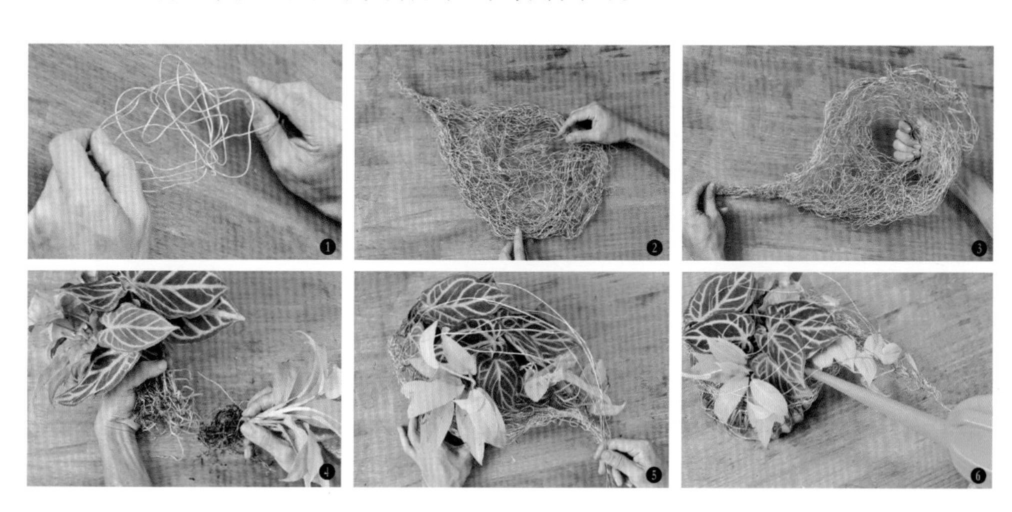

玻璃罩盖虽然能够保持盖中的湿度，但罩盖密不透风的特性，会导致罩内缺氧，也会使得玻璃面上出现水蒸气而影响视觉。于是我们利用三叶草纹饰垫在玻璃罩下，使罩盖有孔隙不会密封。偶尔也需要将盖子打开换气和浇水，需放置在明亮的窗边，但要避免阳光直射及高温。

食虫森林盅

准备

植物：小毛毡苔、捕蝇草、阿迪露毛毡苔、珊瑚卷柏、山苔

资材：玻璃罩盅、沉木、水苔、1.2mm细铝线、红色亚克力珠、车缝线

工具：镊子

环境：半日照区、避免光直射

浇水：用蒸馏水

步骤

Step 1　将铝线的一端弯成一个水滴状后，扭转成长约3cm的水滴形。

Step 2　重复两次上述步骤，聚成一个三叶草形后扭转，作为备用A。

Step 3　将铝线一端穿进亚克力珠，顺着珠子旋转两圈同心圆后，作为备用B。

Step 4　重复制作备用A和B后，相互扭转并串联起来，就成为古典三叶草的花纹串饰。

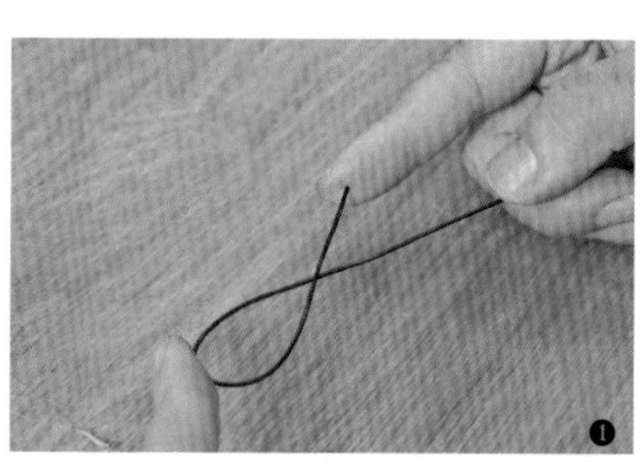

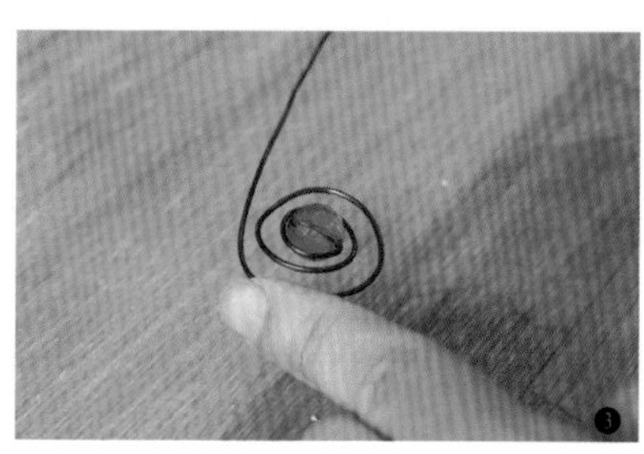

Step 5　将这个古典三叶草串饰，沿着玻璃盖下围绕一圈后，调整纹饰让它服帖玻璃表面。

Step 6　抓一把松散湿润的水苔，尺寸约底座般大小，用车缝线缠绕成小岛状。

Step 7　小岛的外面，用车缝线将青苔缠绕并包覆成翠绿的半球形。

Step 8　用镊子在小岛上直接挖洞，种入各植物，摆入沉木，还可依喜好插入花插。

Step 9　最后盖上装饰了三叶草纹饰的玻璃罩即可。

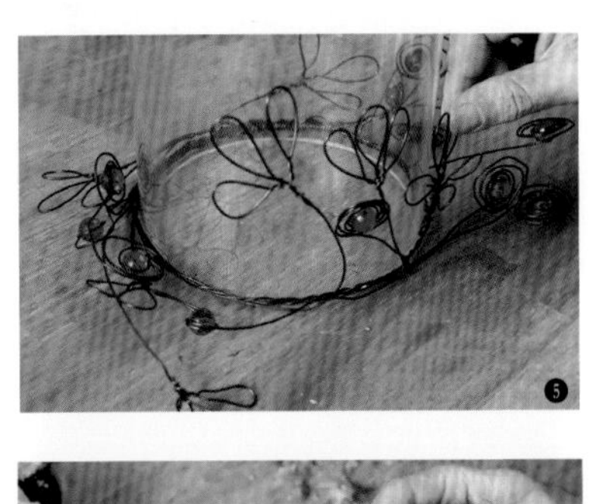

手工铝线花插解析

花插又称“园艺插”，是最普遍的盆栽装饰物，可增添盆中色彩，最重要的是可幻化成跃动于花间的虚拟人物，使作品增添故事性。所以除了要注意花插本身的文化故事外，还要注意与作品的融合度，且花插必须具备耐水防晒的特性。因此，铝线花插为大家随手可折且能随意变化的最佳选择。以下皆用1.2mm 的铝线做示范。

铝线基本技法：

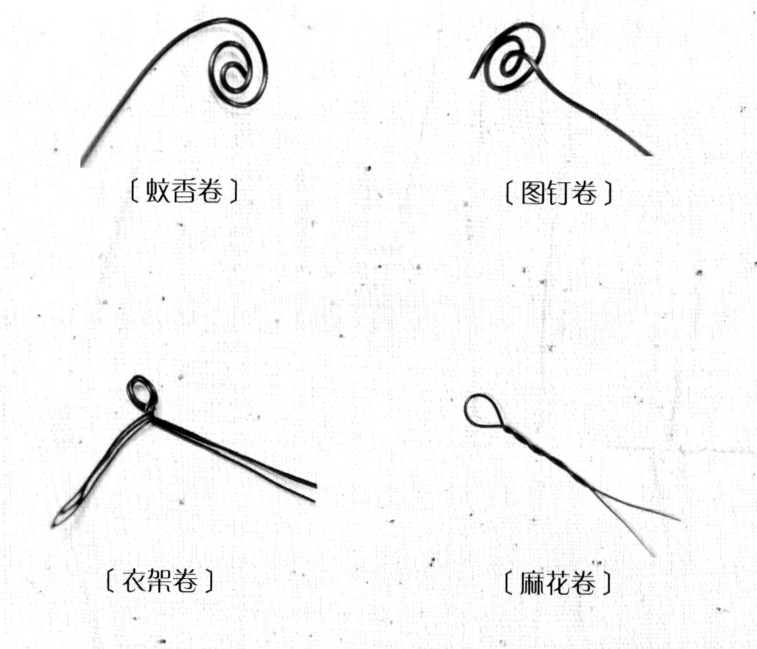

〔蚊香卷〕 〔图钉卷〕

〔衣架卷〕 〔麻花卷〕

★本书附有五个手工铝线花插的做法，分别是：蜻蜓花插（P75）、爱情鸟花插（P89）、小雨伞花插（P93）、日式庭院灯花插（P111）、小圆锹 & 耙子花插（P115）。

可技巧性地将水苔球悬垂在鸟笼底部，需要浇水时，只要把鸟笼底部泡水，根据毛细管原理，就能自行吸水上来。或者直接挂于户外风吹日晒后，再整个泡水一次。保持良好的通风，水苔很快就会风干。

古典鸟笼

准备

植物： 黛比、白牡丹、乙女心、垂盆草

资材： 铸铁鸟笼、水苔、树枝、车缝线、铝线

工具： 镊子、剪刀

环境： 全日照区

浇水： 保持通风良好，水苔每周泡水一次

步骤

Step 1　准备好自己喜欢的铸铁鸟笼。

Step 2　先抓一小撮拧干的水苔，用车缝线松散地固定在树枝末端（不需绑紧）。

Step 3　将每朵如花般的多肉植物，配上一条U形铝线作为脚。接着用苔玉球基本工法，把水苔固定于根部。这么做除了可保护根部避免受伤外，更能加强植物的固定。

Step 4　重复上述步骤所做出来的多肉组合（我们将它取名为多肉发簪），插入树枝上的水苔球，做成捧花的造型，而尾部突出来的铝线可直接缠绑在树枝上，以增加稳定度。

Step 5　绑好后，依想要的高度，修剪底部的树枝并固定于笼中，要注意避免多肉组合因为直接碰触到底板而折断。

之所以将常春藤翻转是因为常春藤经过长期吊盆，藤蔓只会下垂，但如果要做成圆锥体，就需要将内外翻转种植，叶面才会顺向朝外。

古典陶盆常春藤锥

准备

植物： 斑叶常春藤

资材： 欧风花盆、人造干棉、树枝一把、2.0mm铝线

工具： 圆口钳、剪刀

环境： 半日照区

浇水： 土表略干就浇水，可喷水提高湿度

步骤

Step 1　把干棉裁剪成适当大小，塞入盆中。

Step 2　将常春藤脱盆后，从中剪开，翻转过来，种入盆中。

Step 3　把树枝沿着盆边，用微微向外倾斜的方式，插入盆底的干棉中。

Step 4　将往外倾斜的树枝顶部集中，在顶端束口，使树枝的整体形状变成锥形，再用铝线从尾端缠绕固定。

Step 5　将铝线从顶端开始，一边旋转一边往下缠绕，固定在树枝底部。

Step 6　仔细地将常春藤藤蔓塞入铝线和树枝的缝中，做成圆锥状。

花球浇水不易，所以在刚开始的时候就设计了一个水棉绳（见P55 Step4图示），搭配一个蓄水试管，便可利用棉绳的毛细作用，缓缓地给予花球水分，不会因为浇水而导致水流满地或水不容易进入球心。

球形修剪树

准备

植物：黑王子、蝴蝶之舞锦、月影、高加索景天

资材：欧风花盆、人造花干棉、树枝一把、水苔、驯鹿水苔、地衣、玻璃试管、1.5mm细铝线、人造苔草皮、棉绳、咖啡色贴布、胶水

工具：整枝剪、剪刀、镊子

环境：全日照区、半日照区

浇水：通风良好。水管每周加满一次

步骤

Step 1　将人造花干棉塞入花器中，并将树枝一一插入干棉，再用胶水加强固定。

Step 2　将人造苔草皮塞入花盆上方的空间，让它看起来像自然的草地。

Step 3　将玻璃试管连同一根树枝用咖啡色贴布缠起来，塞入刚刚插入干棉的树枝中央并压低，用树枝盖住它。

Step 4　将棉绳的一端，塞入水苔中，并用细铝线缠成球状，再用细铝线连同苔球固定在树枝的上端。

Step 5　将多肉植物的根部用水苔及铝线固定，作为多肉发簪，平均地插满树球。

Step 6　树上其他空间，可依照个人喜好，塞入驯鹿水苔、其他有色的干燥果实，或是人造花藤来使其色彩丰富，树枝上也可粘上地衣加以装饰。

东方禅风

以日本寺庙禅修庭院为主，所衍生出来的独特风格，
与自然生态保持友善和谐感是其特色。
色系主要是黑白或大地色，素材也以自然素材为大宗。

陶钵

准备

植物：迷你薜荔、白鹭莞、山苔
资材：陶钵、沉木、发泡炼石
工具：镊子
环境：半日照区
浇水：土表略干就浇水，可喷水提高湿度

步骤

Step 1　将白鹭莞脱盆，并用迷你薜荔包覆住下半部。

Step 2　小心翼翼地将土团塞入盆器。

Step 3　周围包覆上山苔。

Step 4　倒入发泡炼石至七分满。

Step 5　用镊子将山苔的边缘塞入钵中。

Step 6　选块沉木，依靠在植物旁并塞入土中。

Step 7　将几条迷你薜荔拉至沉木上，使其看起来呈现自然攀爬的状态。

枯山水

准备

植物：芙蓉菊、山苔
资材：圆钵、咕咾石、铝箔纸、白细沙、水苔
工具：小沙耙、镊子
环境：半日照区
浇水：土表略干就浇水，可喷水提高湿度

步骤

Step 1　将咕咾石一一排入钵边，并在要种植物的那半边底部，铺上蓄水铝箔纸。

Step 2　将芙蓉菊包上水苔和山苔，塞入预留的空隙中。

Step 3　钵内倒入白细沙直到看不到石底缝隙。

Step 4　利用沙耙小心翼翼地在沙面上刮出水波纹。

Step 5　最后将代表小岛的咕咾石放在漩涡中即完成。

兔脚蕨附石

准备

植物：兔脚蕨、山苔
资材：底盘、黑胆石、咕咾石、车缝线
工具：徒手
环境：半日照区
浇水：经常喷水提高湿度，或底盘泡水

步骤

Step 1　底盘上方铺一层薄薄的黑胆石。

Step 2　将兔脚蕨脱盆后，用手掰开底部的根，去除多余的土。

Step 3　将处理好的兔脚蕨攀附在泡过水的咕咾石上方。

Step 4　将山苔铺在兔脚蕨的根上，用于保湿。

Step 5　利用车缝线将山苔和咕咾石一起捆绑到密合状态。

Step 6　最后将绑上兔脚蕨和山苔的咕咾石放在水盘上。记得经常喷水保湿。

苔玉球组合

准备

植物：南天竹、斑叶万两、羽叶福禄桐、山苔
资材：苔树枝、底盘、黑胆石、车缝线
工具：剪刀
环境：半日照区
浇水：经常喷水提高湿度，或底盘泡水

步骤

Step 1　将所有植物脱盆，并把根部的土团捏成圆形。

Step 2　将山苔包覆在土团上，并用车缝线缠绕固定。

Step 3　将做好的苔玉球依喜好顺序摆入盘中，并将其他空间都倒满黑胆石。

Step 4　选根苔树枝，用剪刀从中段剪出斜口。

Step 5　将斜口的两端分别插入苔球两边，让它看起来像被贯穿的样子。

迷你盆景（羽竹）

准备

植物： 羽竹、青苔

资材： 四脚花器、无纺布、赤玉土、咕咾石

工具： 镊子、剪刀

环境： 半日照区

浇水： 青苔要经常喷水提高湿度，每天浇水

步骤

Step 1　在花器的盆底铺一张无纺布，倒入些赤玉土。

Step 2　将羽竹脱盆后装入盆中，旁边用赤玉土补至九分满。

Step 3　上方用绿色的青苔补满。

Step 4　铺满青苔后，可选块小的咕咾石增加自然元素。

Step 5　如果叶子太多可用剪刀稍微修剪。

南天竹茶具组合

准备

植物：金莎蔓、南天竹
资材：一壶一杯组、翠云石、咕咾石
工具：剪刀、镊子
环境：半日照区
浇水：每3天装满水一次，再将多余的水倒出

步骤

Step 1　将南天竹脱盆。

Step 2　剥去部分土团后，塞入茶具中，较大的植物可用茶壶作为容器。

Step 3　较小的植物则可选择茶杯作为容器。

Step 4　接着在土面上方铺满翠云石作装饰。

Step 5　金莎蔓脱盆后，塞入杯中，一旁可塞入咕咾石作装饰。

Step 6　旁边塞入翠云石装饰后即完成。

竹筒小红枫

准备

植物：小红枫、金莎蔓、青苔
资材：竹筒、翠云石、长方盘、水苔、铝箔纸
工具：镊子
环境：半日照区
浇水：每3天装满水一次，再将多余的水倒出

步骤

Step 1　将小红枫脱盆后，把土团揉成长条形，塞入竹筒中。

Step 2　把小红枫种植定位之后，上方用绿色的青苔塞满。

Step 3　若竹筒太短，又刚好无节可当底时，可以使用铝箔纸将底部封起来。

Step 4　最小的竹筒中种入金莎蔓，再将所有竹筒摆入底盘后，留白的部分铺满翠云石。

木炭竹柏夏荷影

准备

植物：竹柏、山苔
资材：浅盘、1.5mm铝线、木炭、车缝线
工具：剪刀
环境：强烈散射光区
浇水：平时对山苔常喷水。底盘蓄水

步骤

Step 1 取约50cm的细铝线，在中央交叉扭转，呈放射状拉出18条线，两两向外扭转后再拉出放射状，扭出9组Y形铁叉。

Step 2 整理Y形铁叉，再与隔壁组对绕，做出七瓣莲花瓣，其他线往一边扭转拉出作叶柄。

Step 3 最后不规则地随意收边（拉到末端网侧边以一定距离缠绕固定）。

Step 4 原本拉出的叶柄部位，可直接塑形扭转。

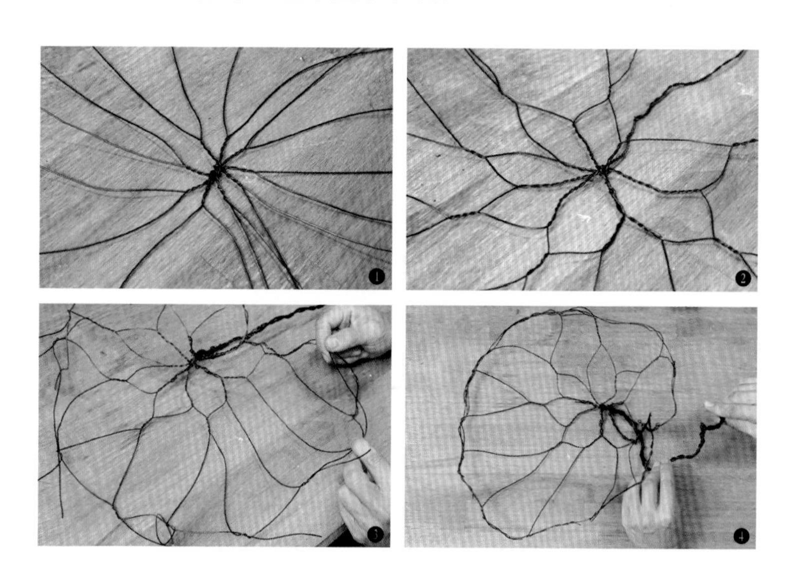

Step 5　将竹柏脱盆后，用山苔包覆并用车缝线稍加固定。

Step 6　为了做出水墨画般的夏荷剪影透视感，盘子要比荷叶小。布置的顺序由底开始，依序为浅盘→荷叶网→竹柏苔球→木炭。

Step 7　用蜻蜓花插装饰。

Step 8　完成。

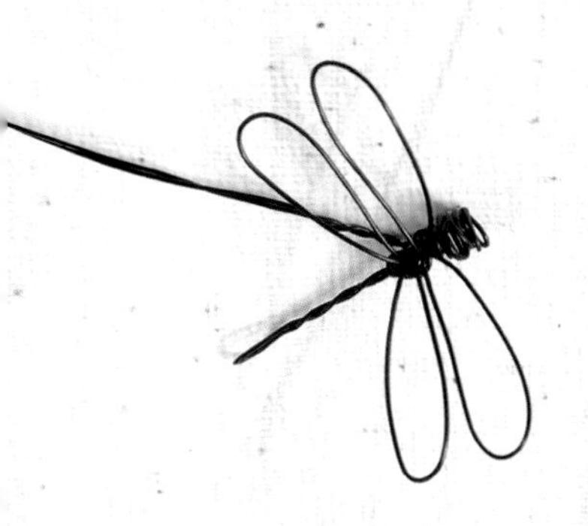

蜻蜓花插

Step 1　将约60cm的铝线对折，并在对折处卷麻花卷。尾线都是以两条同时作业。

Step 2　在麻花卷的交接处折出一个“长水滴”作为后翅。

Step 3　水滴形折完后绕至交接处一圈固定，接着将线拉出作前翅。

Step 4　以相同大小的长水滴形折出对称的翅膀。

Step 5　在交接处固定后于前端绕成弹簧状（约两圈）。

Step 6　再将铝线绕至前端做出眼睛。

Step 7　接着将铝线绕回弹簧处，利用圆口钳辅助扭转成麻花棒。

Step 8　打开两对翅膀后就完成。

沉木蝴蝶兰

准备

植物：蝴蝶兰、山苔

资材：木盘（亦可用陶盘）、沉木块、厚包装纸、车缝线、铝线

工具：电钻

环境：强烈散射光区

浇水：平时对山苔常喷水，勿喷到花和叶

步骤

Step 1　将沉木尝试堆成球状，可适时用电钻和铝线固定。

Step 2　为了让作品的底座有架高的厚实感，建议使用木方台盘，但由于它不防水，所以要加上一层包装纸做隔离，上方可铺山苔遮掩（用陶盆加碎石亦可）。

Step 3　将蝴蝶兰脱盆，使用苔玉球工法，将其包覆上山苔，一起做成苔玉球。

Step 4　巧妙地将苔球安置在半球形沉木块中。

Step 5　择另一块尺寸适当的沉木块，包覆在蝴蝶兰苔球上，用铝线加以固定成球状。

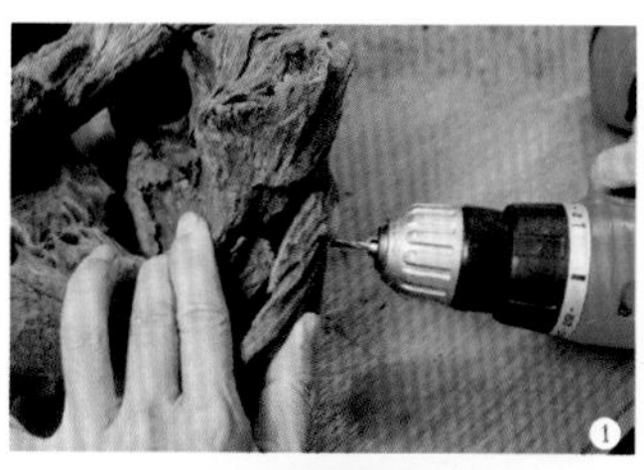

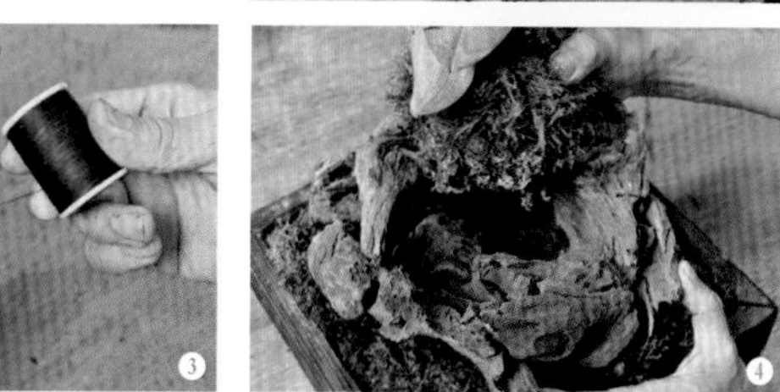

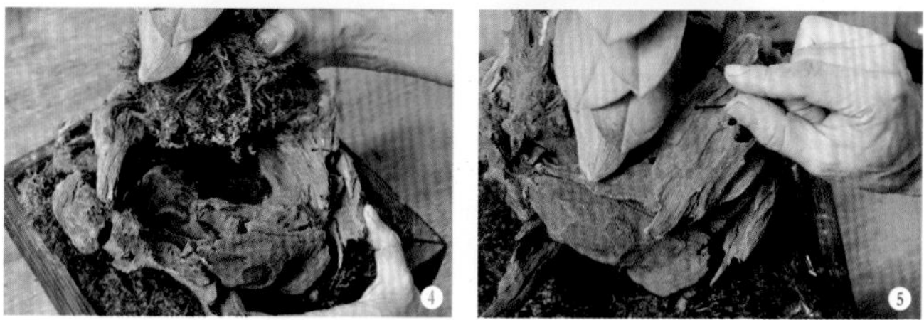

陶盘水景

准备

植物：狭叶紫唇花、水姑娘、水芙蓉、矮珍珠、白鹭莞、迷你薜荔、山苔

资材：长方水盘、水苔、黑胆石、沉木块、车缝线

工具：镊子

环境：全日照区、半日照区

浇水：保持盘中蓄水

步骤

Step 1 先将黑胆石铺在盘中的两端，作为苔岛下方的耐水层。

Step 2 利用车缝线，将水苔缠绕成松散的球形。

Step 3 将水生植物逐一种入松散的水苔岛上（亦可再用车缝线加强密合）。

Step 4 由于这些都是属于匍匐型的水生植物，只要去掉多余的土团，便可直接平铺在湿地上。

Step 5 将其他的水生植物和沉木按照自然的生态群组组合排列。

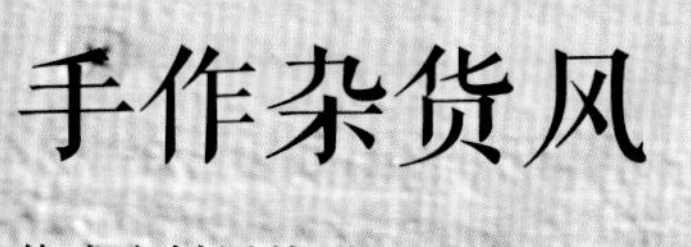

手作杂货风

英式乡村风格进入日本后，所内化出来的文化性格。
以小巧可爱的花插与手编容器、摆饰、生活器皿、旧物改造等为主。

Premium Catnip
Highest potency available
for maximum excitement
cat will love you for it.

空铁罐改造

准备

植物：蝴蝶之舞锦、月影、垂盆草

资材：马口铁空罐、喷漆、乳胶漆、花插、发泡炼石、标签纸

工具：镊子、油漆刷

环境：全日照区

浇水：土干就浇透水

步骤

Step 1 将空罐洗净，打底孔后，罐身刷上喜爱的乳胶漆。

Step 2 利用喷漆喷出褪色的层次。

Step 3 等干后贴上收集来的英文标签纸。

Step 4 倒入发泡炼石至七分满。

Step 5 小心地用镊子将多肉植物排列种满。

Step 6 最后再插上可爱的小花插即完成。

手编篮猪笼草

准备

植物：猪笼草
资材：麻布袋、2.0mm和1.2mm铝线、水苔
工具：剪刀
环境：半日照区
浇水：经常喷水提高湿度，或底盘泡水

步骤

Step 1　取一条较长的粗铝线，再剪10段细铝线，同如麻花般缠绕于粗铝线中心（铝线长短会影响作品大小，该作品的铝线约100cm）。

Step 2　将细铝线两两相互卷成麻花卷，大约卷到2.5cm后，打开呈Y形，并以放射状方式散开。

Step 3　然后从中心开始编织龟甲网，记得在编织的过程要一面往内缩，最后才会变成壶形。

Step 4　防止收尾的铝线扎到手，可将尾端卷成蚊香卷，并整齐地往外排成适合放入猪笼草的杯口。

Step 5　中间套入装有水苔的麻布袋。

Step 6　将猪笼草脱盆，并小心翼翼地将其种入，最后将水苔塞满即可。

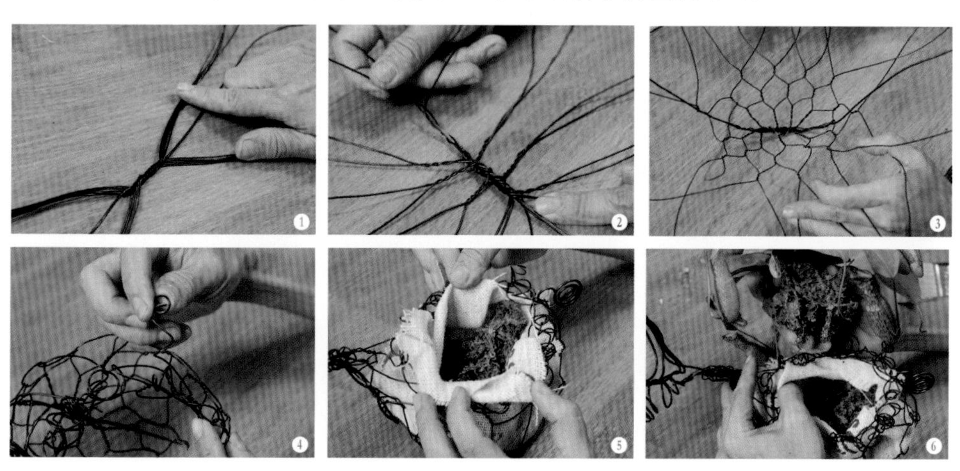

欧风提把双层瓦盆

准备

植物：斑叶兰、怡心草

资材：直径8cm和10cm瓦盆各一个、2.0mm铝线、培养土、发泡炼石、树皮、无纺布

工具：剪刀

环境：全日照区、半日照区

浇水：土干就浇透水

Step 1　剪4段约80cm的铝线，一端卷成约两小圈的蚊香卷。

Step 2　将4根铝线一起穿过10cm瓦盆的盆底，直到被蚊香卷卡住后，将蚊香卷翻折，平贴于盆底如同幸运草状。

Step 3　将花器翻正，把4根铝线扭转成束后，剪块无纺布穿过铝线贴至盆底。

Step 4　倒入培养土，约八分满。

1

2

3

4

Step 5　再将8cm盆套入铝线叠在培养土上。

Step 6　将怡心草脱盆后，单边扒开成新月状，种入下层盆中，上层则种入斑叶兰，表土皆铺上发泡炼石和树皮。

Step 7　剪数根铝线横摆在斑叶兰上方，利用原本穿盆的铝线，缠绕包覆住铝线做成提把状。

Step 8　为了避免横向的铝线刺伤人，可以将末端都卷成圈，形成美丽的曲线。

Step 9　提把上方可加一只可爱的爱情鸟花插，增添趣味的感觉。

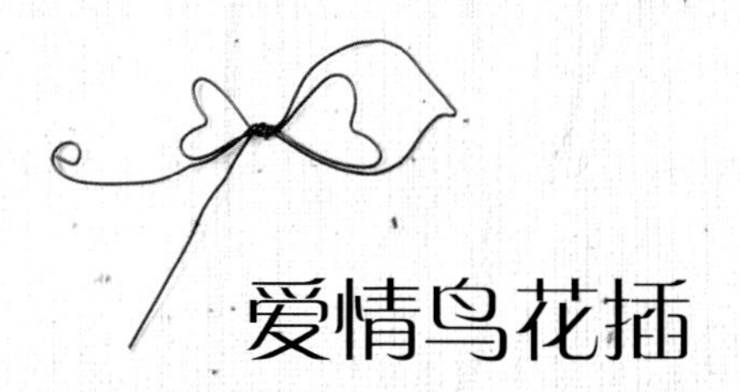

爱情鸟花插

步骤

Step 1　将铝线折一个水滴形作鸟的身体。

Step 2　在对角处扭转个较小的“水滴”当尾巴。

Step 3　再利用长线扭转一个“中水滴”平贴在“大水滴”中间。

Step 4　将“中水滴”和“小水滴”弧线压出爱心形。

Step 5　将“大水滴”一边利用圆口钳夹出鸟嘴，并拉出鸟腹部与额头。

Step 6　尾线长端下拉成花插柄，短线卷成凤尾。

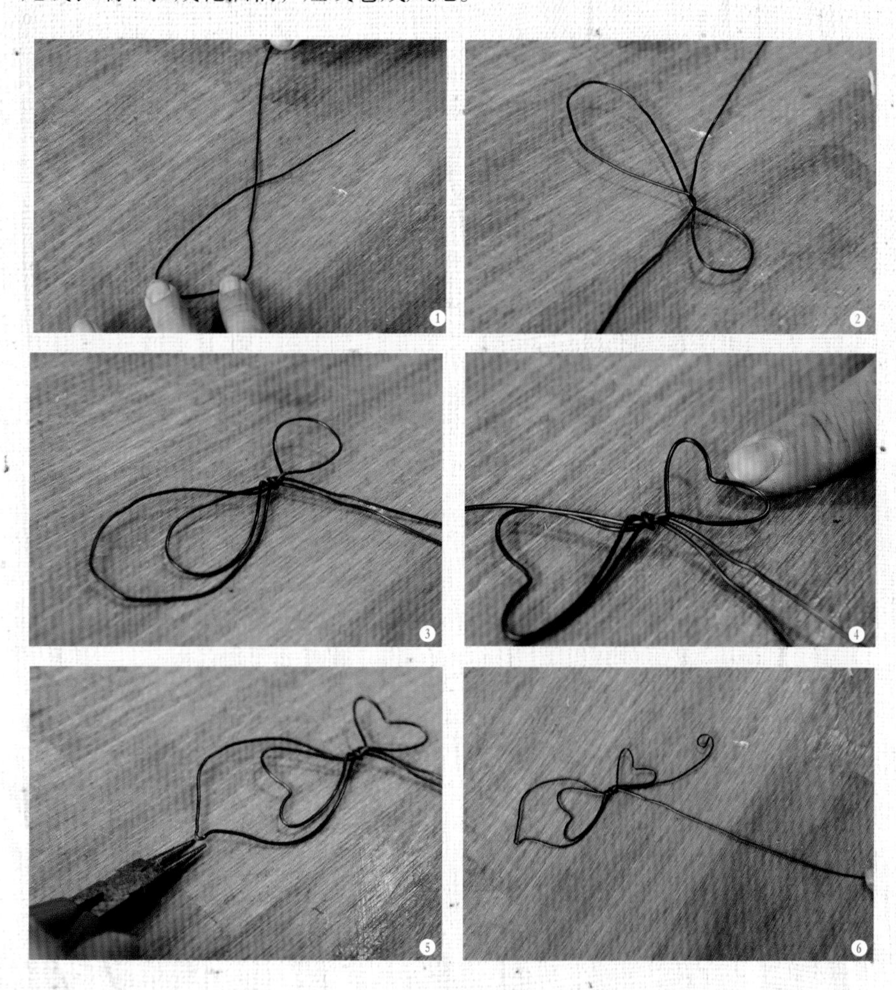

绿雕（龙猫）

准备

植物：迷你薜荔

资材：水苔、1.5mm和1.2mm铝线、假眼睛、无纺布、铝箔纸、车缝线

工具：剪刀、圆口钳、长镊子、油性签字笔

环境：半日照区

浇水：经常喷水提高湿度，或底盘泡水

步骤

Step 1　剥开迷你薜荔，并把大部分的土团剪掉以后备用。

Step 2　用车缝线将泡过水拧干的水苔缠成柚子的形状。

Step 3　根据柚子形水苔的尺寸大小，剪一块椭圆形的无纺布，作为龙猫的肚子。

Step 4　在无纺布和水苔之间垫入一层铝箔纸，接着在无纺布上用签字笔画出龙猫的肚毛。

SStep 5　先将刚做好的龙猫肚子贴在柚子形水苔上面，用车缝线简单缠几圈后，再把迷你薜荔贴在剩下的空间部位，作为撑着雨伞的龙猫手，接着再使用车缝线简单地将整体全部缠满。

Step 6　把无纺布剪成大小适中的三角形，用签字笔画出牙齿，做成嘴巴。

Step 7　由于无纺布无法直接粘在植物上，因此将无纺布嘴巴贴在铝线上，再插在龙猫脸部的适当位置，即可固定。而将铝线末端卷起，就可把假眼睛粘在上面，固定在龙猫脸部适当的位置。

Step 8　用蚊香卷手法做好两卷铝线，捏成回形针形的长条状，插入头顶，作为龙猫的耳朵。接着请参照下页，制作小雨伞花插。最后插在龙猫手上。

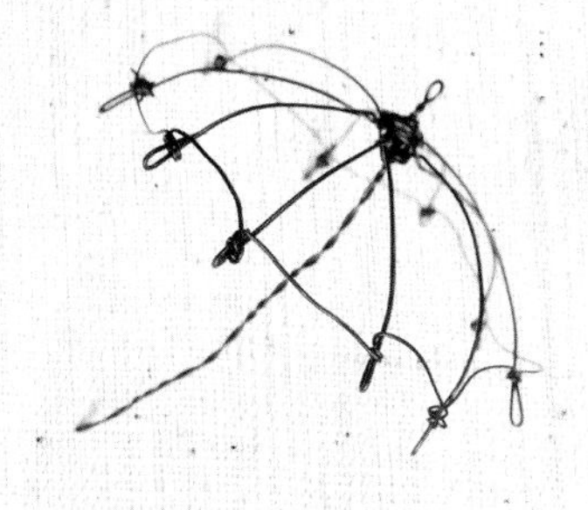

小雨伞花插

步骤

Step 1 先剪6段铝线，其中一段为其他2倍长，做伞柄用。线的长短可自己决定（雨伞的直径，大约是一段线材的2/3）。

Step 2 如图示，将5根铝线中间扭转成麻花状。

Step 3 然后再将其放射状打开，两两相互卷成约1cm长的麻花。

Step 4 将长的那根铝线对折，先卷三圈麻花当伞顶，再穿过放射状的中心后，整条卷成麻花卷。

Step 5 为了让衔接点看起来比较漂亮，可以剪段铝线，在伞中心上下各卷数个紧实的同心圆固定，来增加稳定度。

Step 6 将每个伞骨的尾端，往回折约1cm。

Step 7 用较长的铝线，于每个伞骨的尾端缠绕成圈。

Step 8 最后可用掌心，来微调整雨伞的幅度，增添立体感。

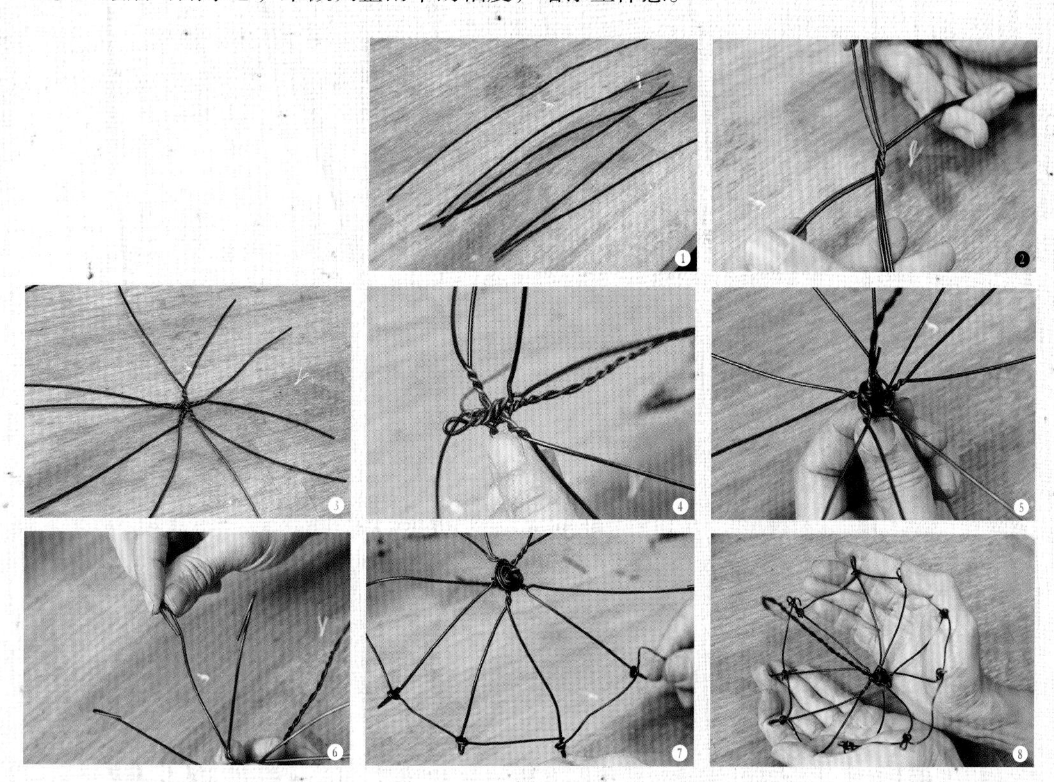

宝草吊灯

准备

植物：宝草

资材：上盖玻璃吊灯烛台、1.2mm铝线、透明亚克力珠、水苔、车缝线

工具：剪刀

环境：半日照区

浇水：每周用滴管加适量水至根部

步骤

Step 1　将细铝线揉成甜甜圈状。

Step 2　将铝线甜甜圈塞在烛台外侧，防止植物滑出。

Step 3　拿一小撮拧干的水苔，轻轻地包覆在根系上。

Step 4　将水苔包好后，用车缝线轻轻地缠成苔球状。

Step 5　将犹如绿色火焰般的宝草苔球，轻轻固定在有弹性的铝线甜甜圈中。

Step 6　可在玻璃周围放几颗亚克力珠，增加层次感和折射感。

想快速锯好缺口，可使用砂轮机切割，又快又利落。

立体小花园（破瓦盆）

准备

植物：黑舌、黄金万年草、雅乐之舞、垂盆草、树状石莲

资材：瓦盆、培养土、各式装饰用小房子、纸黏土、珍珠石、无纺布、厚纸板、水苔、蓝色和白色的颜料、亚克力珠数颗

工具：剪刀、锯子、水彩笔、刷子、锉刀、镊子

环境：全日照区、半日照区

浇水：土干就浇透水

步骤

Step 1　将瓦盆锯出一个大约1/4的开口。锯下来的那一块不要丢掉，留着备用。

Step 2　为了不让锯开的开口刮到手，先在瓦盆上喷点水，接着利用纸黏土覆盖开口，修补锯口的粗糙部分，塑造出线条流畅的圆弧形。

Step 3　用厚纸板剪出一栋白色教堂。

Step 4　把亚克力珠塞进厚纸板教堂的窗口，再利用纸黏土包覆住厚纸板教堂，让教堂有厚度，产生立体感。

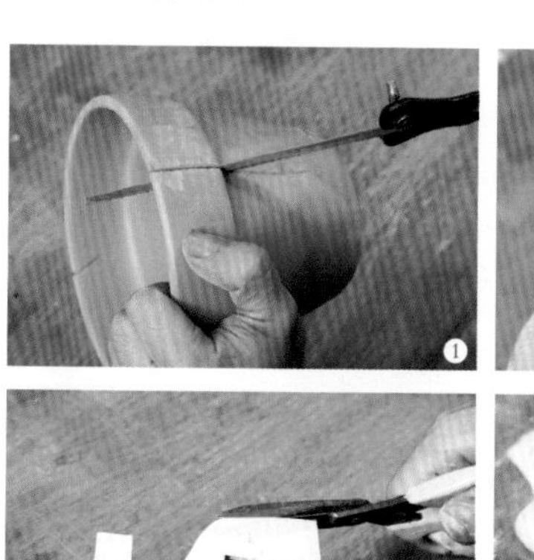

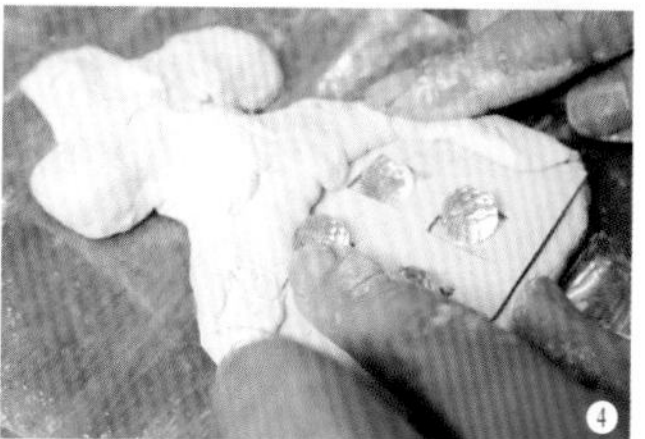

Step 5 使用纸黏土将立体教堂与瓦盆黏合在一起，并且利用锉刀或镊子简单修饰，让衔接部分不明显。

Step 6 利用双手来按压和修润纸黏土，使整体的形状与线条更加圆滑、漂亮。

Step 7 用白色颜料涂满整个瓦盆的里外两侧，可以帮助纸黏土防水。

Step 8 在Step1中锯下来的那1/4块，也要记得一并涂成白色。

Step 9 用蓝色颜料把窗口和屋顶的区块涂成蓝色。

Step 10 在盆子底部铺上一层无纺布，防止土壤流失。

Step 11 将培养土倒进盆中。

Step 12 培养土较松散，为了让小房子不会陷在土中，可在培养土上方铺上一层水苔。

Step 13 把锯下的1/4瓦盆碎片切成小块，用来铺作楼梯。铺设的手法是一层植物、一层楼梯、一层植物、一层楼梯，顺着瓦盆形状，盘成螺旋状的阶梯。

Step 14 先种入你自己想要的主树，再依喜好种入其他植物，可自由选择。

Step 15 剩下的空间，塞入各种装饰性的小房子，配置的方式可参考本图，或随自己的想法自由发挥。

Step 16 为了整体盆栽稳定，在塞入装饰性小房子或小饰物时，要尽量以塞满空间为目标。

Step 17 还可放入其他装饰品，让盆栽本身表达出故事性。例如复古摩托车，就非常有希腊爱琴海的浪漫感。

手编鸟笼水草杯

准备

植物：粉绿狐尾藻
资材：玻璃瓶、贝壳沙、 细铝线、咕咾石
工具：剪刀、钳子、长镊子
环境：室内人造辅助光源区
浇水：保持满水

步骤

Step 1　将6条约50cm的细铝线从中间对折扭转如衣架状。

Step 2　取一段铝线，在扭转处缠绕成圆盘顶盖状。

Step 3　将所有的铝线往四方摊开成放射线状。

Step 4　摊开的铝线往外编龟甲网，大约编两圈即可。

Step 5　编好的龟甲网，利用玻璃容器当模子，继续往下编织。

Step 6　玻璃瓶中段的网不需编太密，保留些空白部分，比较容易看见水草。

Step 7　瓶底的铝线尾可卷成同心圆，装饰在底座。

Step 8　将贝壳沙倒入瓶中，并且用水冲洗至没有盐分。

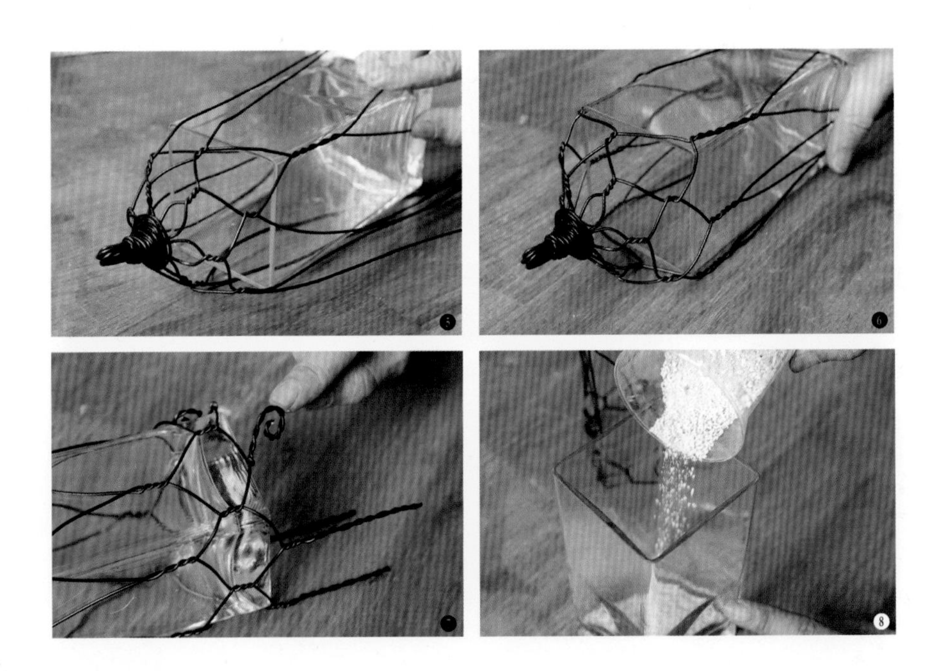

Step 9　利用铝线折出爱情鸟花插（P89）。

Step 10 利用花插将水草的根部固定在贝壳沙中。

Step 11 将鸟笼罩在玻璃瓶身外，加水至九分满即可。

Step 12 完成。

干燥素材组合（侧柏）

准备

植物：阳光心叶蔓绿绒

资材：原木座、一把干燥侧柏、人造花干棉、长条形容器（图中为塑料圆筒）

工具：白胶、剪刀、刀片（涂抹白胶用）、木棍

环境：强烈散射光区、室内人造辅助光源区

浇水：水管加满水

Step 1　将塑料圆筒插入干棉中，把干棉修剪成圆形，外表涂满白胶。

Step 2　在白胶变干以前，迅速把干燥侧柏插满整个干棉，使得塑料圆筒被掩盖起来，接着把整块干棉粘在原木座上。

Step 3　用水把蔓绿绒的土团冲刷干净。

Step 4　接着用镊子把蔓绿绒小心地植入塑料圆筒中。

Step 5　再使用注水器加水至全满。

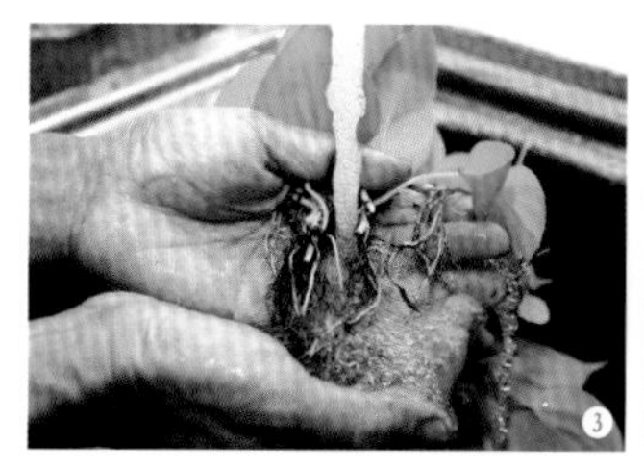

预留在多肉发簪中的吸水棉绳，是为了让“小招牌”可直接平放在水盘中，利用毛细现象吸水。若为固定式招牌，亦可用小瓶固定在后方并塞入棉线，需要浇水时将水加入瓶中即可。

木招牌多肉装饰

准备

植物：第可芦荟、爱之蔓、皱叶麒麟、黄花新月

资材：木头招牌、2.0mm铝线、棉绳、水苔

工具：电钻、剪刀、镊子

环境：全日照区

浇水：水苔干了泡水或用棉绳吸水

步骤

Step 1　将想要装饰的地方用电钻钻洞。

Step 2　在最重的主花下层叶与根之间的短缩茎上，用细铝线缠绕并固定。

Step 3　将根部用水苔轻轻包覆（亦可塞入一根吸水棉绳，方便日后给水）。

Step 4　取适量其他多肉植物，像绑花束般，将根部包在水苔中，最外层再用细铝线缠绕固定，做成多肉发簪。

Step 5　将末端的棉绳、铝线等，穿过预先钻好的小孔，接着把铝线尾端外翻就能卡住，再剪几段铝线折成U形钉，穿插于叶间，加强植物与水苔的服帖性。

手编蛋架

植物：虹之玉、爱之蔓、雅乐之舞、鹰爪、高加索景天

资材：2.0mm和1.2mm黑色铝线、水苔、完整蛋壳、琼麻丝

工具：剪刀、镊子

环境：半日照区

浇水：水苔干了加水至蛋中

步骤

Step 1　将粗铝线卷成长形水滴状，大约绕十圈后，用尾线直接固定较细的那端，再用手将上下掰开成大小花瓣状。

Step 2　将大花与小花的中间，约一个拳头高度处作为把手，用铝线缠满，并缠绕至下方大花瓣的交接处再加以固定。

Step 3　将较细的铝线揉成不规则的中空状，套入篮中，增加篮底的密度。

Step 4　随后再将大花瓣的四周往上扳开做成篮筐，中间处铺层厚琼麻丝以利蛋壳站立，也可防止碰撞。

Step 5　取一段铝线，按图示折成一只母鸡花插。

Step 6　将母鸡花插固定在小花间。

Step 7　将多肉植物种入铺满水苔的蛋壳中，随意地摆放在篮中即可。

Step 8　完成。

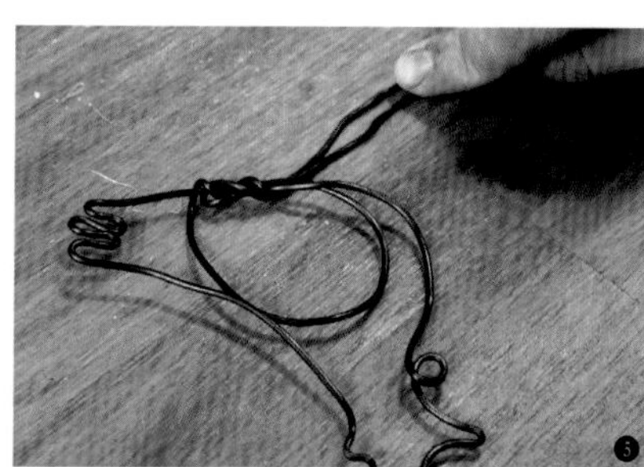

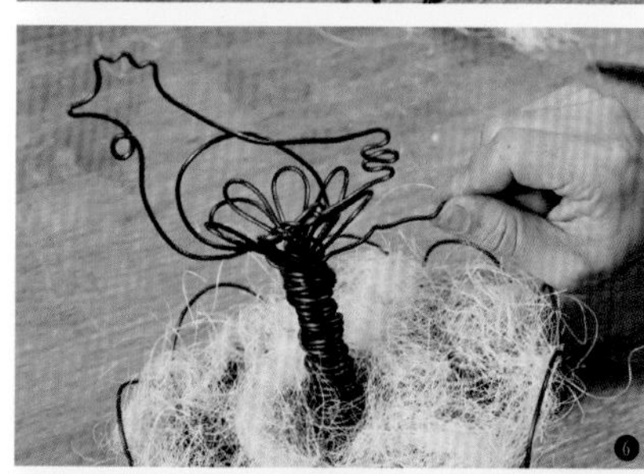

日式庭院灯花插

步骤

Step 1　预留10cm的线后，在顶端扭出一个水滴形。

Step 2　于水滴形的下方，平行地卷5～6个同心圆当盖子。

Step 3　接着往下折，卷到盖子下方中杆处。

Step 4　利用大拇指当作模子，绕约6个圈当作石灯罩。

Step 5　在灯罩下方，卷出3～4个同心圆当作灯罩底盘。

Step 6　接着和灯盖衔接的方式一样，只是这次仅绕几圈不规则的圈，形成球状，当作石灯的身体。

Step 7　将尾线横向拉出三个尖峰。

Step 8　把尾线拉回主轴固定，然后把三个尖峰往回卷成立体的三只脚。

Step 9　将三只脚调整到平衡稳定后，剪断尾线便完成。

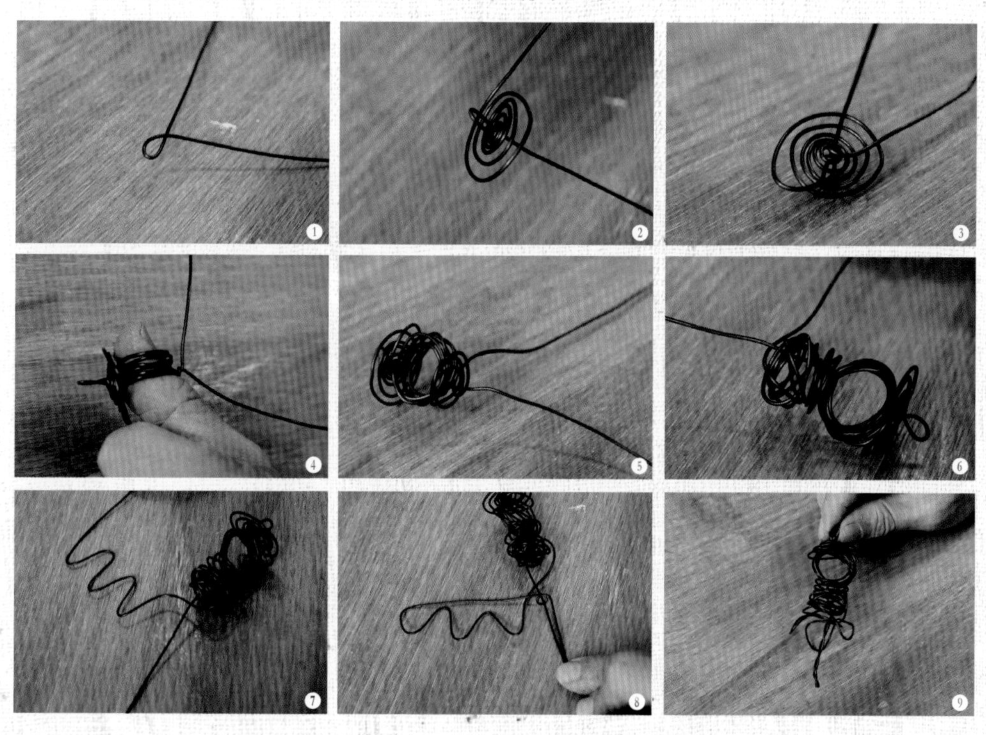

手编藤球吊竹草

准备

植物：紫背吊竹草

资材：玻璃罐、1.2mm铝线、生藤枝

工具：剪刀

环境：半日照区

浇水：玻璃球保持满水

步骤

Step 1　取6条约50cm的铝线，整把对折后从中扭转固定，并往四周平拉出12条铝线成放射状，再两两对卷编成龟甲网。

Step 2　编龟甲时，使铝紧贴在玻璃容器上，从底部往上编成袋状到收口，放一旁备用。

Step 3　取一条生藤枝，卷一圈后用铝线于交叉处固定，做三个相同的圈（圈的直径决定藤球大小）。

Step 4　将三个圈相互垂直地套叠（先将两个十字套叠用铝线固定后，再套入第三个圈）。

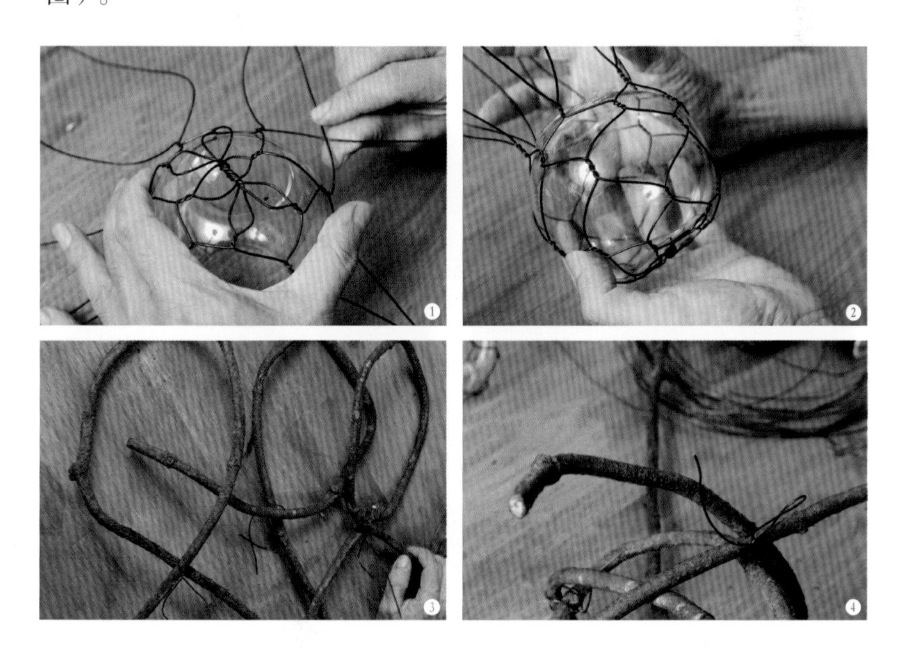

Step 5　将基础的三个圈用铝线固定后，后段的枝条便可随意穿插于缝隙中。重点在于编满空隙，所以可用铝线绑定在想要的位置避免滑动。

Step 6　枝条收编后（不必刻意编很圆，避免过于匠气），将刚刚编好的玻璃罐绑定在藤球中，形成球中球。

Step 7　将去土的吊竹草用铝线轻轻绑住，增加根部重量。

Step 8　将绑好的吊竹草投入玻璃罐中后，加水至八分满，让根部吸水即完成。

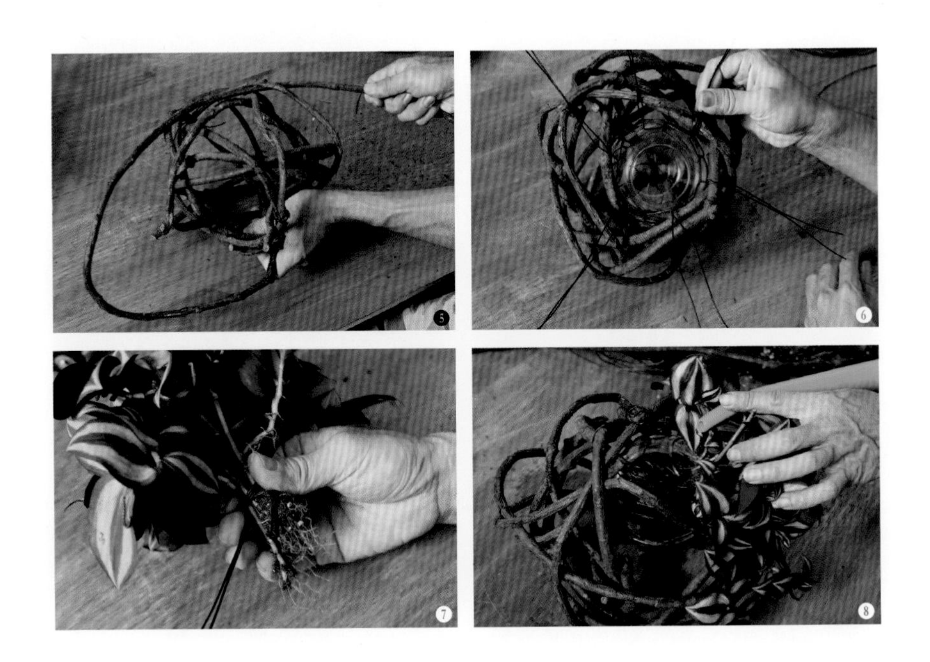

小圆锹＆耙子花插

步骤

Step 1　在铝线的一端卷5～7圈的同心圆，并捏成椭圆形。

Step 2　选一枝小树枝，将刚刚卷好的同心圆固定在树枝的一端，并拉至尾端做个小圈，小圆锹便完成了。

Step 3　耙子的做法，则是在铝线的一端留尾线后，折出三个约2cm的尖峰。

Step 4　同样找根小树枝，将做好的三个尖峰连同尾线，缠绕固定在树枝的一端，并且拉至树枝末端做个圈后，再拉回耙子头的交接处。

Step 5　拉回交接处后，用圆口钳折出一个小小的蚊香卷，当作耙子的顶端装饰即完成。

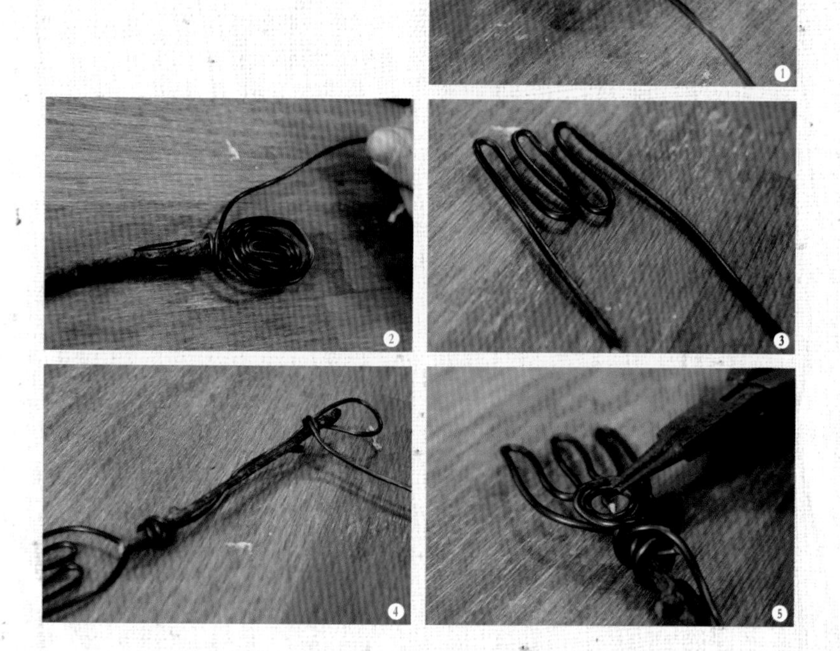

自然素材木框画

准备

植物：雅乐之舞、铭月、蝴蝶之舞锦、石莲、串钱藤

资材：长度相同的白木条四条、3.5mm铝线、水苔、白胶

工具：钉枪、瓦斯喷枪、钢毛刷、电钻

环境：全日照区

浇水：水苔干了泡水或用棉绳吸水

Step 1 用白胶将白木条粘拼成一个方框。

Step 2 用钉枪将白木条的方框连接处（正反两面都要）钉牢。

Step 3 用瓦斯喷枪将白木条的表面微微地、均匀地烤焦一层。

Step 4 烤完以后，使用钢毛刷将烧焦的表层木屑刷掉。

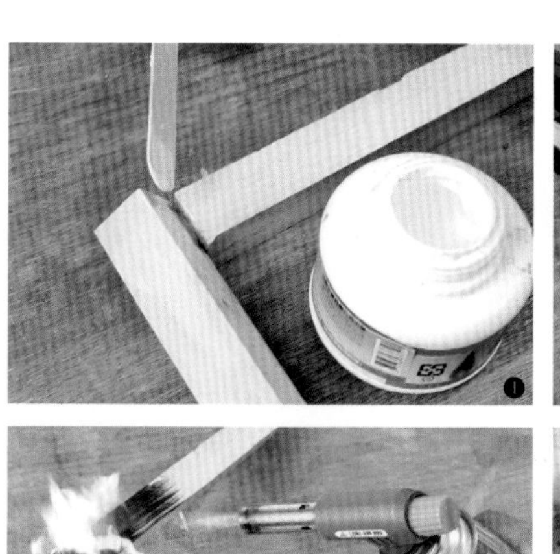

Step 5　接着再用瓦斯喷枪火烤一次。

Step 6　再将表层的木屑刷掉。可一直反复上述“火烤”和“刷屑”这两个操作，直到烤出觉得漂亮的立体焦木纹路。

Step 7　在每条木条的正中央，用电钻浅浅地钻一个洞。

Step 8　将铝线插入浅孔中，在方框里形成一个十字形。

Step 9　把铝线末端卷出自己想要的弧形，一共要卷4个。

Step 10　用白胶或双面胶将4个弧形铝线固定在框里的十字形上，形成美丽的花纹。

Step 11 用较细的铝线缠绕，遮盖住黏胶，保持整体的美感。

Step 12 把想要的多肉植物全部脱盆并去土，再用水苔和铝线缠成苔玉球。

Step 13 将做好的苔玉球用铝线固定在花纹十字架上。

Step 14 完成。

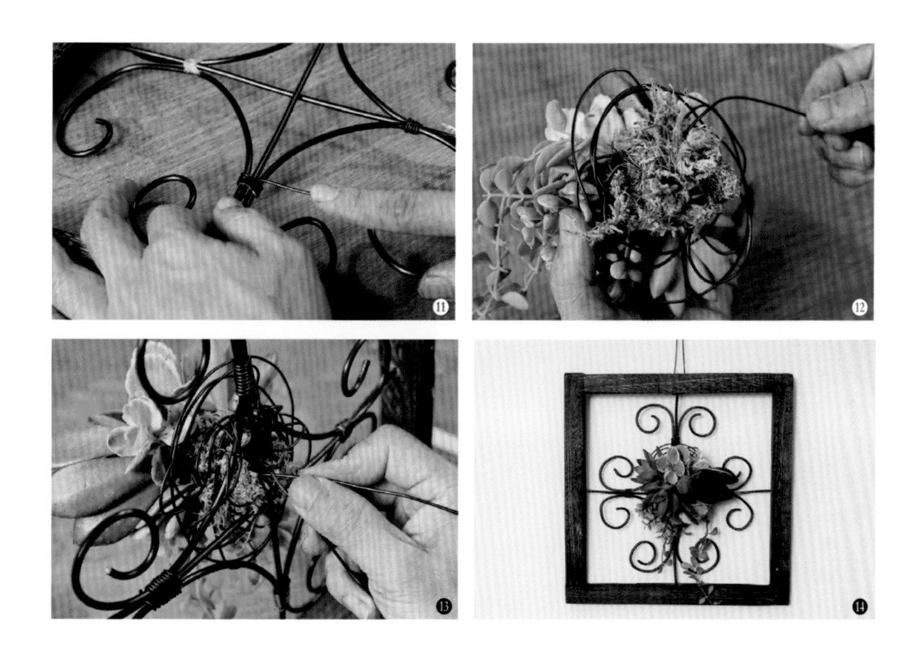

马口铁桶花插

准备

植物：鹰爪、虎之卷、高加索景天

资材：马口铁小水桶、发泡炼石、汉白玉碎石、水苔、琼麻丝、花插资材（小树枝、1.2mm铝线，颜色可选黑色或银色相互搭配）

工具：剪刀、圆口钳

环境：全日照区、半日照区

浇水：土表干了浇水，倒出多的水

步骤

Step 1　先用发泡炼石铺底，将鹰爪、虎之卷和高加索景天种进去，剩下的空隙，就用发泡炼石补到大约七分满。

Step 2　为了预防装饰作用的汉白玉碎石掉入，在发泡炼石上方铺上一层拧干的水苔，并且压得扎实一些。

Step 3　将汉白玉碎石铺在水苔上。

Step 4　制作小圆锹花插（请参考P115）。

有些人会以为棉绳作用不大，但它却是让多肉花束生机蓬勃的关键。在制作过程中，棉绳和植物一起被包覆在水苔中。这种精心设计过的多肉花束有三种装饰方法：

1. 将花束拆开，还原成一支一支多肉发簪，直接插入花瓶中。
2. 整把花束放在桌上，底下只要垫一个加了水的小浅盆，植物就会通过棉绳吸收水分。
3. 将花束放到自己喜欢的造型花瓶中，只需要加入2cm高的水，就可以借毛细管原理，让植物吸收到水分。

多肉花束

准备

植物：锦乙女、黑旭鹤、铭月、聚钱藤
资材：干燥树枝、干燥花（任选）、水苔、车缝线、棉绳、3.0mm铝线、黑色纸胶带、麻绳
工具：剪刀
环境：全日照区、半日照区
浇水：每周棉绳吸水

Step 1　将多肉植物全部脱盆，接着将它们束在一起，记得要加上一条棉绳（如图），用水苔包覆以后用车缝线缠绕，全部固定在一根树枝的顶端。做法类似多肉发簪，只是以树枝取代铝线。

Step 2　加入了干燥花和干燥树枝以后，会形成一大把花束。

Step 3　因为最后的成品要能站立起来，成为一个美丽的摆饰，如果最后花束的分量不够，可以多加一些粗树枝，来增加整体的重量，使其稳定（麻绳只是在制作的过程中起到暂时协助的作用，让花束不要松开）。

Step 4　完成之后，用剪刀将底部的枝脚修齐。

Step 5　最后，用麻绳在花束的中央打一个漂亮的大型蝴蝶结。

1

2

3

4

5

多肉花圈

准备

植物：蝴蝶之舞锦、四海波、垂盆草、粉红佳人、罗薇娜、金钱木

资材：3.5mm铝线、1.2mm铝线、水苔、驯鹿水苔、松果、干燥花叶、咖啡色纸胶带、无纺布、车缝线

工具：剪刀

环境：全日照区

浇水：每周底部泡水一次

步骤

Step 1　用3.5mm铝线缠绕出尺寸适中的花圈基底，可大可小。将水苔包覆住基底，用车缝线缠绕固定（请勿缠得太紧）。

Step 2　为了防止底部脱落而散落碎屑，用无纺布包住铝线圈，并用细铝线缠绕起来固定，最后会包成一个花圈的形状。请注意，不要连水苔都一起包住。

Step 3　接着将多肉植物做成一支支多肉发簪，按照喜好和配色，陆陆续续插入已经包好的水苔花圈上。

Step 4　松果用细铝线缠绕以后，留下细长的铝线脚，变成松果发簪；粉红色的驯鹿水苔也如法炮制。

Step 5　插好所有植物以后，为了固定和维持形状，请再用细铝线小心地缠绕一圈。

Step 6　如果想要加上干燥花叶，也只需要将细铝线如图般穿过叶尾，然后留下一支细长的线脚。为了让干燥花叶不要飘动，可以用咖啡色纸胶带将线脚跟花叶贴牢在一起，接着就能插到任何你想要的花圈位置。

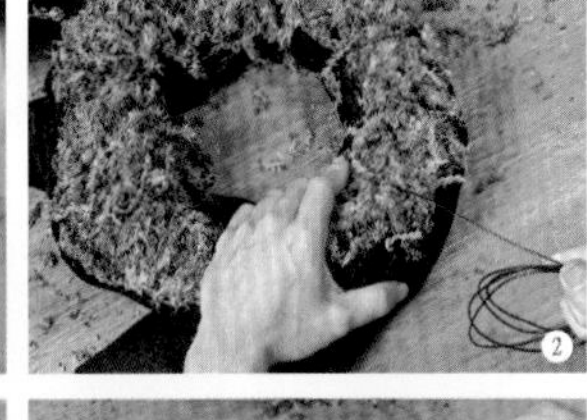

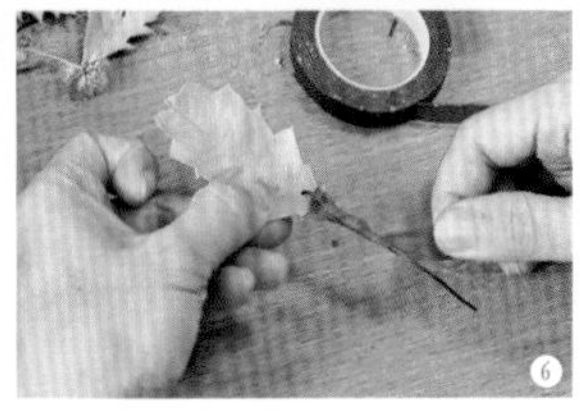

自然简约风

使用简单的几何造型或具有极简线条的容器，搭配密植植物或造型独特的植栽。需要植物量不多，种类单一不复杂，材质多以玻璃、陶瓷等利落线条的花器为主。

烧杯多肉

准备

植物： 白桦麒麟、杰克魔豆、鹰爪

资材： 玻璃烧杯、咕咾石、赤玉土、发泡炼石

工具： 盛土器、小汤匙、镊子、刷子

环境： 全日照区、半日照区

浇水： 每周加水至1cm高

步骤

Step 1　将赤玉土小心翼翼倒入烧杯内底层约3cm高。

Step 2　先种入较高的白桦麒麟。

Step 3　接着倒入一层发泡炼石。

Step 4　然后再重复一层层倒入不同介质。

Step 5　将其他植物都种好后，最后表面铺上炼石。

Step 6　在植物间塞入咕咾石。

Step 7　最后在烧杯外用麻绳打上蝴蝶结即可。

COFFEE

花器贴贴乐

准备

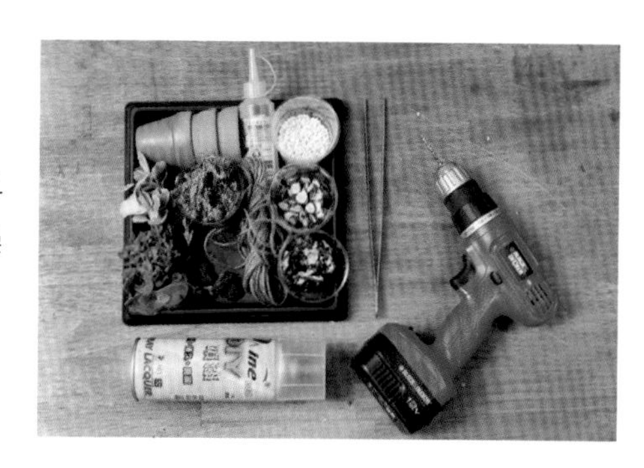

植物：蝴蝶之舞锦、垂盆草、白雪姬

资材：小瓦盆、水苔、麻绳、树皮、贴附材料（珍珠石、剪成小片状的树枝片、干燥地衣片）、胶水

工具：长镊子、电钻、透明喷漆

环境：全日照区、半日照区

浇水：土干就浇透水

步骤

Step 1　将瓦盆整个喷上透明喷漆，做一层隔水，防止水分流失。

Step 2　在数片树皮上各打一个小洞，放着备用。

Step 3　使用胶水将贴附性材料贴满整个盆面。

Step 4　可如图把铝线当作缝衣针使用，更便于让麻绳穿过小瓦盆。

Step 5　先将麻绳穿过一块打了洞的树皮，接着在树皮下方打一个结，其作用是让瓦盆在吊起的状态下也能被绳结卡住而不会下滑。

Step 6　由下往上，以绳结→树皮→瓦盆→绳结→树皮→瓦盆……的顺序完成以后，最上方可绑一根树枝。如果不绑树枝，也可以直接绑在你自己希望吊挂的任何横杆上。

Step 7　将自己喜欢的植物用水苔包覆，种植到小瓦盆里面即完成。

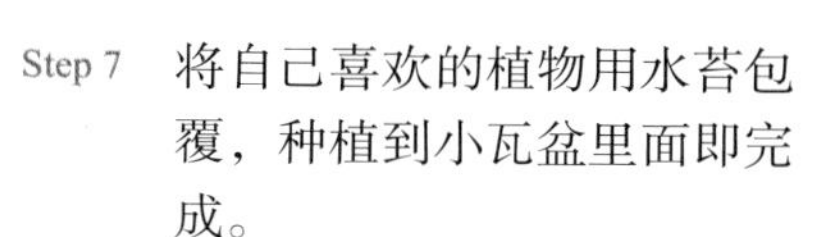

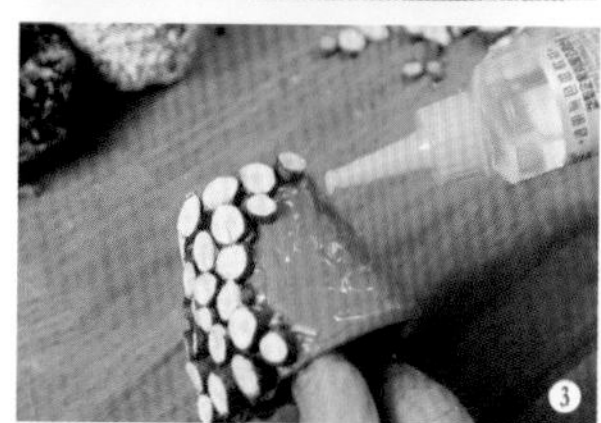

星点木在从土培转水培时，会有一段过渡期，尤其是刚从户外移入室内时，会大量落叶。水培一段时间，让它长出水生根，并将其放在明亮的窗边，就能得到改善。亦可在水中加入营养剂（比例请参照各家肥料包装说明）。

树枝玻璃星点木

材料

植物： 星点木

资材： 四方玻璃花器、黑胆石、梨树枝、玻璃试管

工具： 整枝剪

环境： 半日照区、强烈散射光区

浇水： 水管加满水

步骤

Step 1　将花器底层倒入一些黑胆石铺底。

Step 2　使用整枝剪，剪数段比试管还长的树枝，连同试管一起混插入花器中，并用枝条将周边补满，尽量看不到花器。

Step 3　用枝条塞紧时，高出的部分用整枝剪刀剪齐。

Step 4　小心翼翼往试管注入八分满的水。

Step 5　在试管中插入根部已经洗净的星点木即完成。

空风碎石玻

准备

植物： 空气凤梨（球拍空凤）

资材： 圆形玻璃花器、黑胆石、枯树枝、铝线

工具： 剪刀

环境： 半日照区、强烈散射光区

浇水： 水加至石头面以下

步骤

Step 1 倒入细黑胆石约2cm。

Step 2 摆入适当的枯树枝可作空间隔离，也可仿照附生植物的下垂枝。

Step 3 按照空间轻轻地放入大小适合的空气凤梨（不需塞入碎石中）。

Step 4 沿着盆边加水，水不可高于石面，避免植物泡水腐坏。靠石头的毛细孔释放水气来改变微气候，再由叶面的鳞毛吸收。

Step 5 最后卡入较高的空气凤梨，根部不要插入石中，只要靠在石面上即可，若担心会倾倒，可加铝线固定。

AVR.
MAI.
OCT.
5
6
12
19
20
26
WAR AND
PEACE

树皮球

准备

植物： 昭和（瓦松）

资材： 保丽龙球、水苔、绿色水苔、白胶、树皮、铁钉

工具： 刀片、铁锤、热熔胶枪、省力剪

环境： 半日照区、强烈散射光区

浇水： 每周用滴管加满水一次

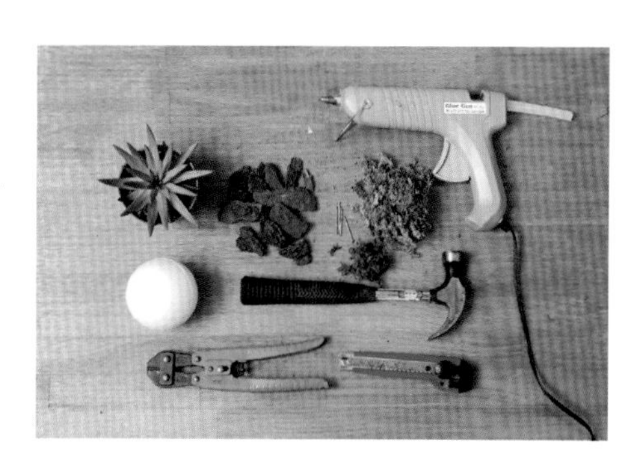

步骤

Step 1　用刀片将保丽龙球中间挖个洞（直径、深度各约3cm）。

Step 2　在挖好洞的保丽龙球表面上，涂满白胶，再贴上绿色水苔。

Step 3　在每块树皮的后方钉上铁钉。

Step 4　再用省力剪将铁钉的末端剪成斜口，以利插入球中。

Step 5　将处理好的树皮，钉满

Step 6　第二层的树皮可利用热贴至圆球状。

Step 7　最后用镊子小心翼翼地球中，即可完成。

可以用较细的铁丝弯成U形固定针，插入枝叶缝间来固定植物，避免因为头重脚轻而使植物翻落。

清水模造型多肉组盆

准备

植物： 荒波、黄花新月、黄金万年草、乙女心、雅乐之舞、鹰爪

资材： 清水模造型花器、赤玉土

工具： 剪刀、镊子、盛土器

环境： 全日照区、半日照区

浇水： 土表干了浇水，多的水倒出

步骤

Step 1　将赤玉土倒入清水模容器中至六分满。

Step 2　将植物一一脱盆，并且将多余的土壤剥去，留下较少的土壤和主根系即可。

Step 3　将多肉植物从单边一一摆入清水模容器中（尽量以不同的色块交叉摆放）。

Step 4　别忘了在排列的过程中，要不断地填入赤玉土，使根系稳固扎实不易晃动。

Step 5　最后再将比较小株的棒状多肉植物（如雅乐之舞）当作填缝植物，补满到扎实即可。

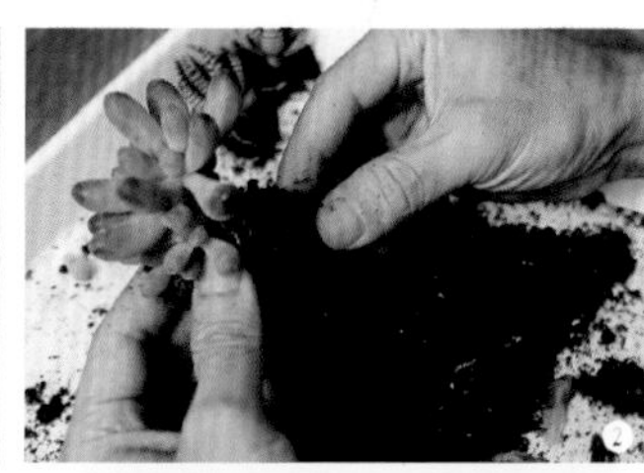

曲线花器水培山苏

准备

植物： 细叶山苏

资材： 多孔曲线花器、水苔、车缝线

工具： 剪刀

环境： 半日照区、强烈散射光区、室内人造辅助光源区

浇水： 容器加八分满水

步骤

Step 1　将植物脱盆。

Step 2　将多数的土团外层轻轻剥去，仅留下中心的主根区块。

Step 3　用湿润的水苔包裹土团的外围。

Step 4　利用车缝线将水苔紧紧包裹，绑至整根扎实。

Step 5　将水苔柱投入细口瓶中（在捆绑水苔柱时，要绑得比瓶口还细）。

密封罐卷柏

准备

植物： 蕾丝卷柏、蓝草
资材： 黑土、树皮、密封罐、小树枝
工具： 剪刀、镊子
环境： 半日照区、室内人造辅助光源区
浇水： 避免光直射，可常喷水

步骤

Step 1　将黑土倒入罐中约2cm高。

Step 2　将一小撮带土的蕾丝卷柏种入黑土中，并用树皮将其区隔，做出层次。

Step 3　再陆续将黑土补入蓝草和卷柏中，做出双层的效果。

Step 4　最后将长满青苔和地衣的树枝插入瓶中，可以做出如同小型森林的效果，同时能避免让盖子盖紧，以保持通风。

Step 5　最后浇水时可利用注水器，沿着罐内壁缓缓加入，避免冲散布局。

小自由
LiBERO
COFFEE&BAR

玻璃吊球

准备

植物：石龙尾

资材：原木座、人造苔草皮、3.5mm黑色铝线、黑色玻璃吊球、黑色玻璃砂、胶水、双面胶

工具：电钻、镊子、圆口钳

环境：全日照区、室内人造辅助光源区

浇水：保持有水

步骤

Step 1　在原木座中心，钻两个并列的椭圆形孔。并列两个钻孔是为了确保钻孔的尺寸，能适合接下来要做的爱心吊架底部。

Step 2　剪一块跟原木座同样大小的人造苔草皮，利用双面胶或胶水将它固定在原木座上。

Step 3　利用3.5mm黑色铝线，卷成爱心状，尾端做成蚊香卷。

Step 4　把两个蚊香卷拉近，先缠上双面胶，使两者紧黏在一起，接着再用细的铝线缠绕在胶上，用来遮住双面胶。

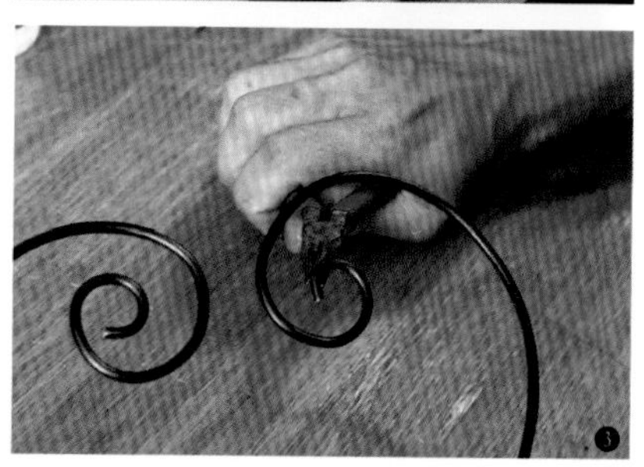

Step 5　将做好的爱心形吊架，插入之前钻好的椭圆形钻孔内。

Step 6　取一段石龙尾的芽，底部缠绕铝线，以增加其重量。

Step 7　将玻璃砂倒入玻璃吊球内。

Step 8　利用镊子将植物种入玻璃吊球中，其根部记得用玻璃砂掩埋好。

Step 9　注水到玻璃吊球中，直到水面高度淹盖过玻璃砂即可。

Step 10 可在植物旁边放置摆饰，来增添趣味性。

Step 11 完成。

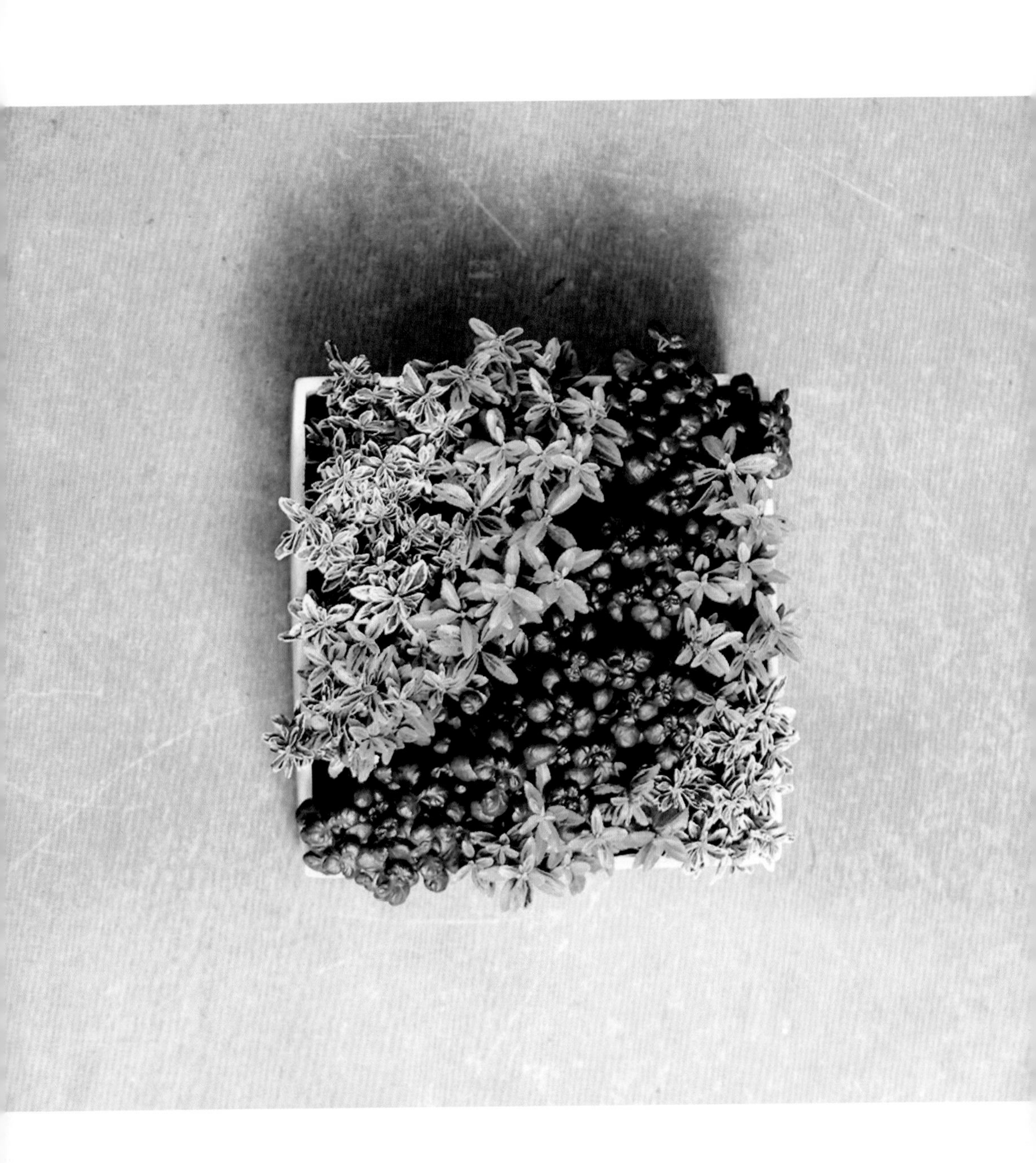

单盆图腾密植

准备

植物：黄边柾木（白边柾木）、弹簧草（黑美人）

资材：四方素面陶瓷花器、培养土

工具：盛土器、剪刀、镊子

环境：半日照区、强烈散射光区

浇水：土表干了浇水，倒出多的水

步骤

Step 1　将植物脱盆。

Step 2　一一摆入喜欢的植栽。

Step 3　最后使用镊子逐一仔细摆整齐。

Step 4　将培养土小心填入缝中。

Step 5　将顶芽剪齐，使之平整即完成。

复古工业风

由粗犷的工业性素材，如原木、金属、玻璃组合而成的一种特殊风格。

原木座加框

准备

植物： 帝国、海王丸、琴丝丸

资材： 原木座、钢碗、胶水、发泡炼石3.0mm和1.2mm铝线

工具： 电钻、镊子

环境： 全日照区、半日照区、强烈散射光区、室内人造辅助光源区

浇水： 土干就浇，避免积水

步骤

Step 1　在原木座的四边各钻两个洞。

Step 2　摆入不锈钢碗后，用粗铝线插入孔内固定成灯罩状，可灌入胶水来固定。

Step 3　铝线的交接处，用细铝线固定。

Step 4　将下层用粗铝线层层包裹，直到与原木座同宽即可。

Step 5　将仙人掌都种好后，最后表面铺上发泡炼石。

Step 6　完成。

旧车缝线轴

准备

植物： 星点木

资材： 彩色车缝线轴、小试管、原木板

工具： 注水瓶

环境： 半日照、强烈散射光区、室内人造辅助光源区

浇水： 保持有水

步骤

Step 1 将试管塞入车缝线轴内。

Step 2 将星点木脱盆，洗净根部土壤。

Step 3 小心翼翼地将其分株。

Step 4 用注水瓶将试管加满水。

Step 5 将分好株的星点木一一插入试管中。

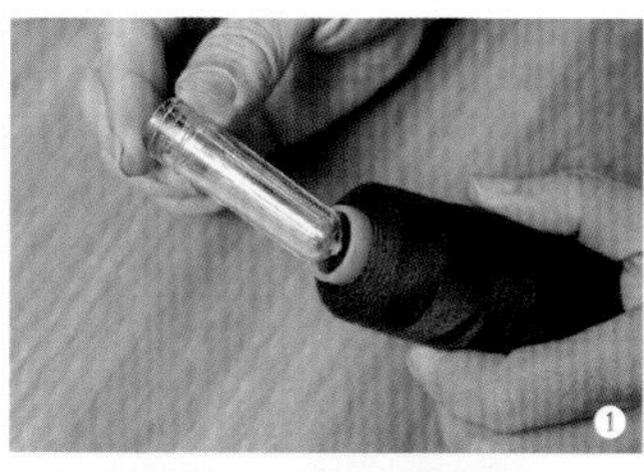

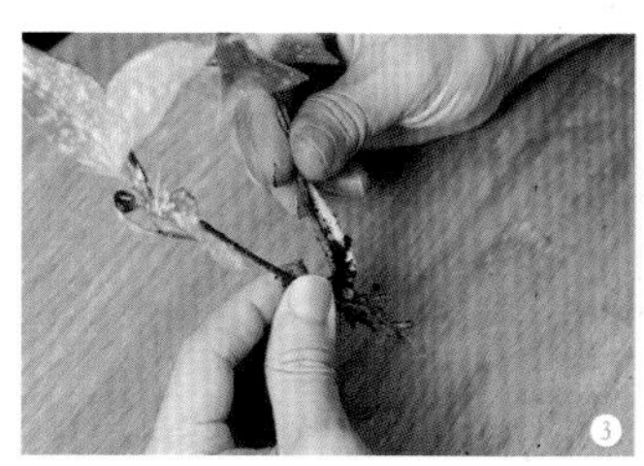

用热熔胶贴玻璃时，容器很容易脱落，特别是装有水的玻璃容器，更容易因水气而让热熔胶完全失效。可利用比较服帖的透明胶带或胶水，先贴在玻璃上，再使用热熔胶，就会比较牢固。

旧灯泡枕木

准备

植物：白鹭莞

资材：灯泡、木桩、细铝线、胶水

工具：镊子、剪刀、钳子、热熔胶枪、锥子

环境：全日照区、半日照区

浇水：保持有水

步骤

Step 1　用剪刀刮除旧灯泡底部的焊锡部分。

Step 2　用锥子钻入底座玻璃的缝隙，将黑色的玻璃钻碎。

Step 3　以尖嘴钳夹碎并破坏灯泡内的真空管尾端，用长镊子将真空管和钨丝夹出。

Step 4　用胶水在灯泡玻璃顶端涂抹一层，等距离粘在木桩上。

Step 5　用热熔胶加强，使其牢固。

Step 6　将植物的根部用铝线包裹起来，增加重量。

Step 7　把植物种入灯泡后，加水至八分满并放置明亮处即可。

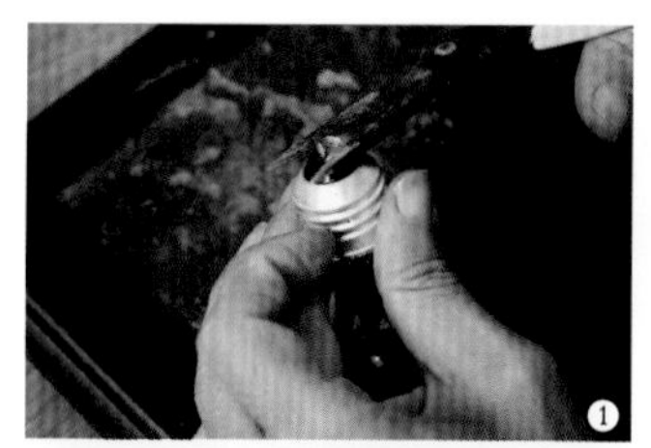

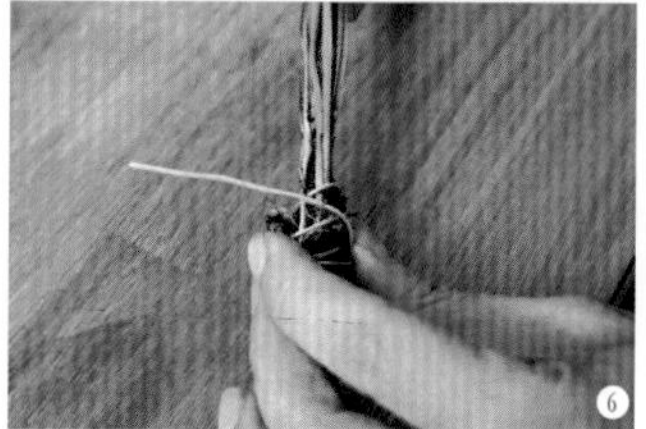

螺丝帽

准备

植物： 昭和（瓦松）、鹰爪、白银珊瑚

资材： 螺丝帽造型花器、赤玉土、咕咾石、黑胆石、驯鹿水苔、铁丝

工具： 剪刀

环境： 全日照区、半日照区、室内人造辅助光源区

浇水： 避免积水，土干就浇水

步骤

Step 1　将赤玉土倒入盆中约五分满。

Step 2　将多肉植物依序脱盆后，种入造型容器中。

Step 3　先补满赤玉土后，在上方再铺满黑胆石。

Step 4　将咕咾石衬托在植物后方，可稍微塞入花器中避免松动。

Step 5　用细铁丝固定橘锈色的驯鹿水苔，可更增添工业风格的质感。

Step 6　完成。

榕树小苗可在居家附近的墙脚或路边轻松取得。

木桩上的绿芽

准备

植物：榕树小苗

资材：木桩段、水苔、L形内角铁、铜圈挂钩

工具：剪刀、电钻、瓦斯喷枪

环境：半日照区、强烈散射光区

浇水：需要经常喷水或泡水

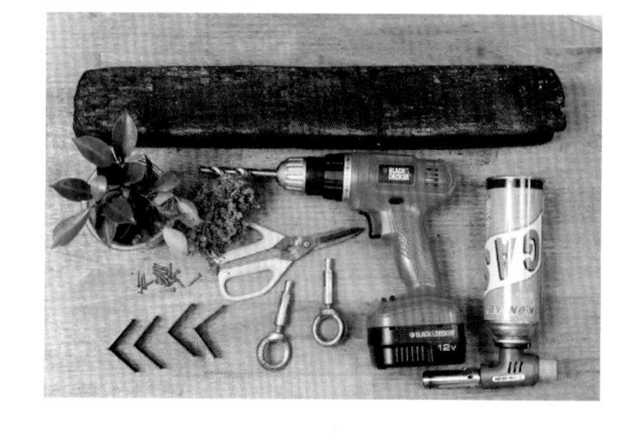

步骤

Step 1　木桩段用电钻打孔，并将铜圈挂钩固定在木桩上方。

Step 2　将黑色的内角铁，锁在方形的木桩上，做成复古的装饰。

Step 3　用瓦斯喷枪将表面烤黑。

Step 4　使用电钻，在要种入植物的位置上先打好洞。

Step 5　将榕树小苗的根部用水苔包覆好，小心翼翼地塞入预留的孔中。

Step 6　种好后就立即喷水，若不够湿的话，可将整个木桩泡水，到植物能完全附着挺立为止。

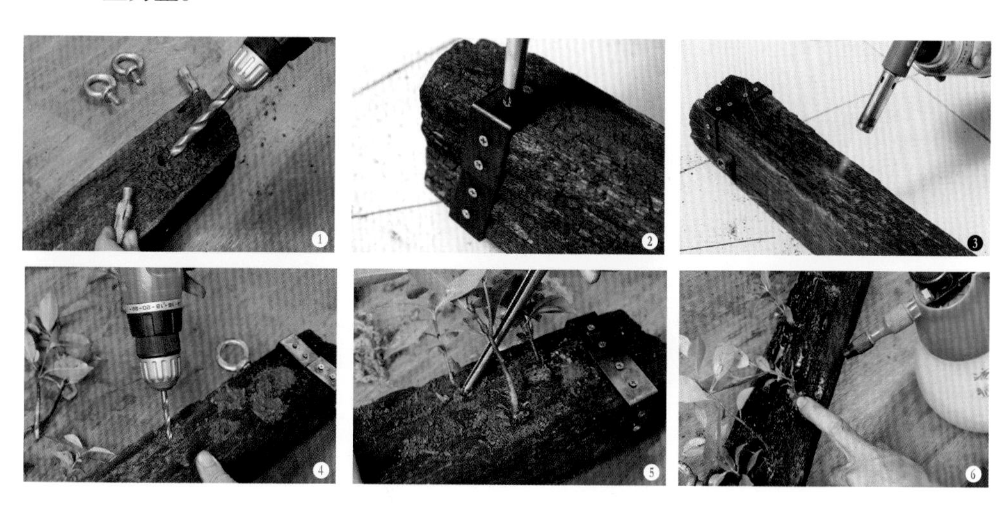

马口铁小卡车

准备

植物： 无刺麒麟、鹰爪、黄金万年草、黑舌、雅乐之舞

资材： 马口铁卡车摆饰、水苔、发泡炼石

工具： 镊子

环境： 全日照区、半日照区

浇水： 每周浇水一次

步骤

Step 1　准备好小卡车。

Step 2　将无刺麒麟脱盆，去掉多余的盆土（约留1/3即可），用水苔简单包覆住无刺麒麟的周围。

Step 3　将无刺麒麟定植在绿色小卡车上，在上方铺上一层水苔防止松动。

Step 4　红色小卡车则是种植不同品种，穿插排列并且用水苔塞紧。

Step 5　将多肉植物调整到高度一致，缝隙间铺上发泡炼石后即完成。

①

②

③

④

⑤

龟甲网试管

准备

植物：洞洞蔓绿绒

资材：2.0mm铝线、玻璃试管

工具：剪刀、圆口钳

环境：半日照区、强烈散射光区、室内人造辅助光源区

浇水：保持满水

步骤

Step 1 将6条约50cm长的细铝线抓成一束，并将中央扭转如衣架状，两两配对扭转成Y形铁叉。再剪两段细铝线，如同麻花般缠绕在其中心。

Step 2 接着将B和C再配对扭转在一起，交缠以后成为一个网口。以此类推编织，将整体编成犹如龟甲般的网子。编织过程中，网口要越来越小，渐渐收口成为立体网袋。

Step 3 为了让放入的试管不会掉出网口，可揉一些细铝线团放在底部，堵住网口，同时不影响整体美观。

Step 4 编完的龟甲网末端铝线，记得利用蚊香卷技巧来收尾，才不会扎到手。接着将试管放入网袋的收口处。

Step 5 最后将洞洞蔓绿绒放入试管内，注入水到七分满即完成。

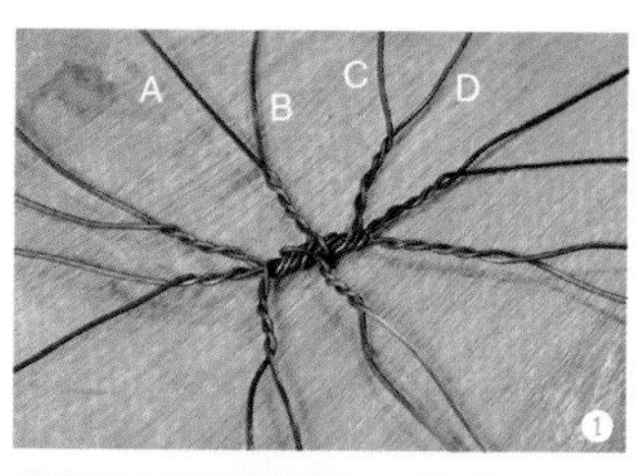

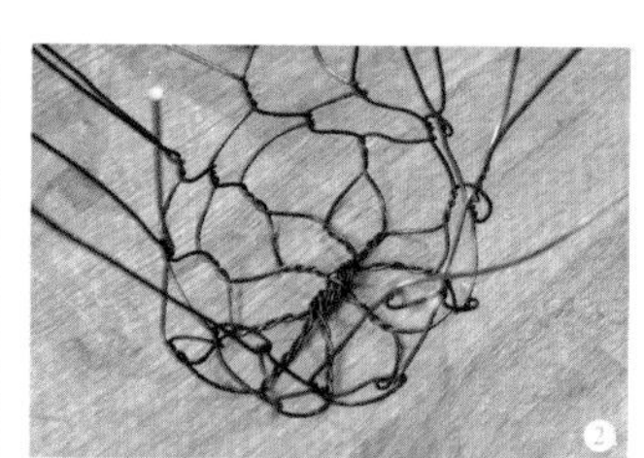

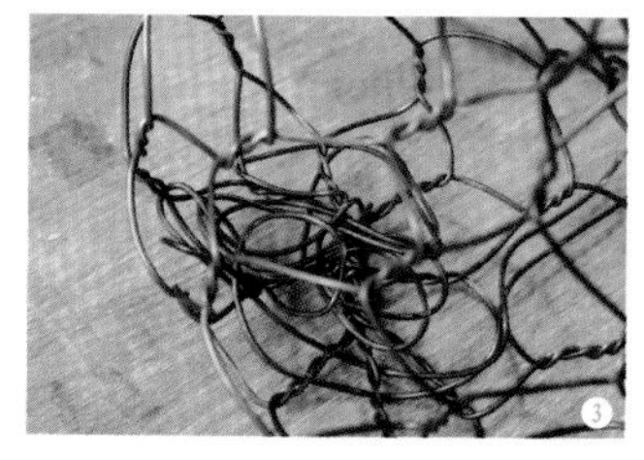

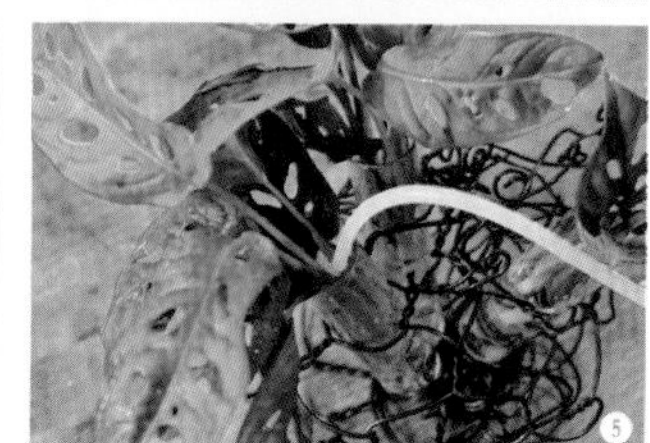

Bouteille
DE BOURGOGNE

酒瓶塞磁铁

准备

植物： 高加索景天、白雪姬、月影、雅乐之舞
资材： 软木塞、水苔、强力磁铁、铁块／板
工具： 长镊子、电钻、热熔胶枪
环境： 半日照区、强烈散射光区
浇水： 每周用滴管加满水一次

步骤

Step 1　使用电钻将软木塞的上方钻出一个洞。

Step 2　用热熔胶把强力磁铁黏着在软木塞上。

Step 3　用水苔包住其中一种植物以后，装进软木塞中。

Step 4　由于体积较小，建议使用长镊子来装填，会更加顺手。不同的软木塞可装不同的植物，让每个小磁铁都是不同的植物，添加变化的乐趣。

Step 5　完成以后，记得利用注水器往软木塞的钻孔中加水，让植物有水分可以吸收。这些小磁铁可以自由吸附在铁质的物品上，例如冰箱、办公桌或是铁柜上。

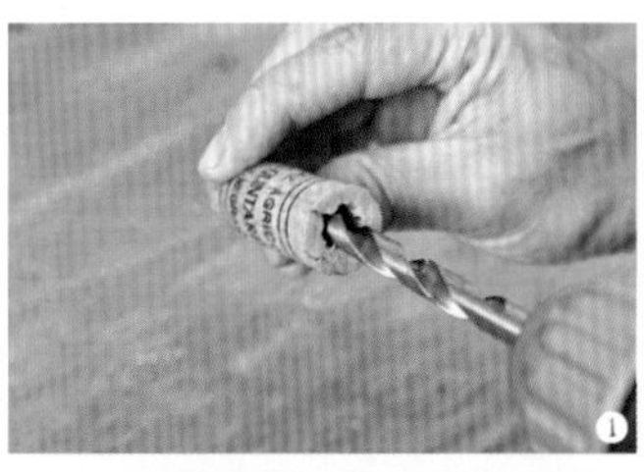
①

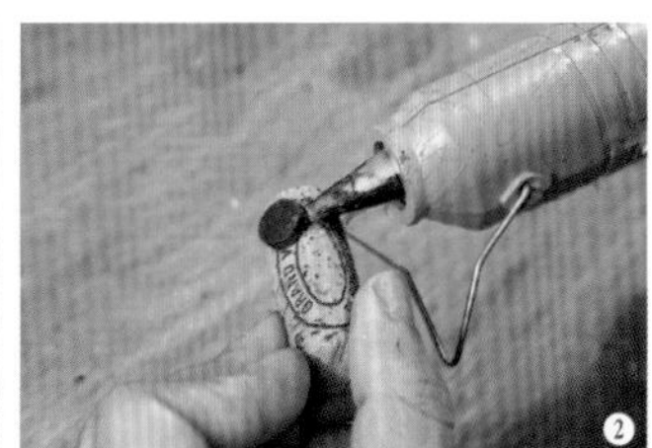
②

③

④

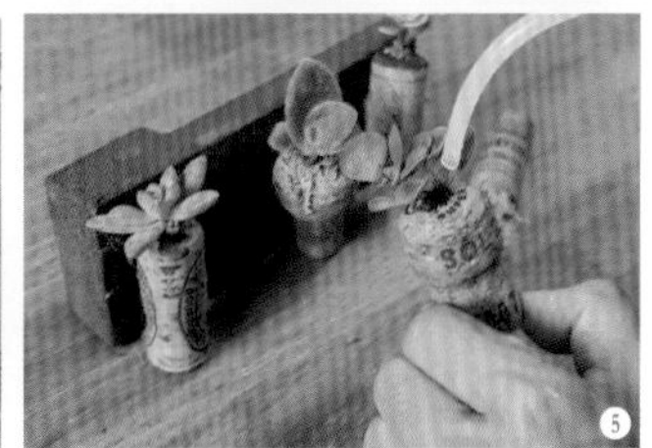
⑤

如何让植物沉在玻璃球的底部呢？
只要用一些细铝线轻轻缠绕在植物根部，就能增加重量，而且又不会影响美观。

锅盖水草灯

准备

植物： 皇冠草、绿羽毛

资材： 玻璃球、不锈钢盘或不锈钢锅盖、灯泡组合含电线、1.2mm和2.5mm铝线

工具： 尖嘴钳、剪刀、镊子

环境： 半日照区、强烈散射光区、室内人造辅助光源区

浇水： 保持满水

步骤

Step 1　取6条约50cm的细铝线，在中间交叉扭转。

Step 2　扭转后的细铝线，摊开成放射状，两两扭转约2cm后开始编网。

Step 3　如图所示，每隔一定距离后，两两编网持续包覆成龟甲网。

Step 4　龟甲网持续包覆到顶端，留长线尾即可。

Step 5　灯泡座穿过挖好洞的锅盖后，用粗铝线缠绕固定。

Step 6　粗铝线在缠绕收尾前，可多绕三圈成花瓣状，作为固定玻璃球的吊挂环。

Step 7　用铝线稍微在植物根部缠绕几圈，来增加重量，避免注水后漂浮起来。

Step 8　将玻璃球上的铝线，尾端分成三束卷成外钩状，且将水草放进球里，加水约九分满，接着挂上灯座的盖子即可。

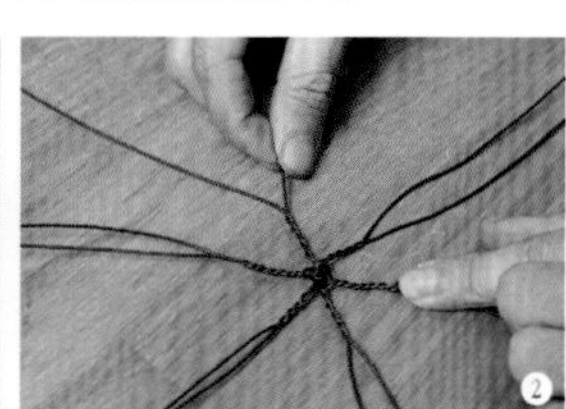

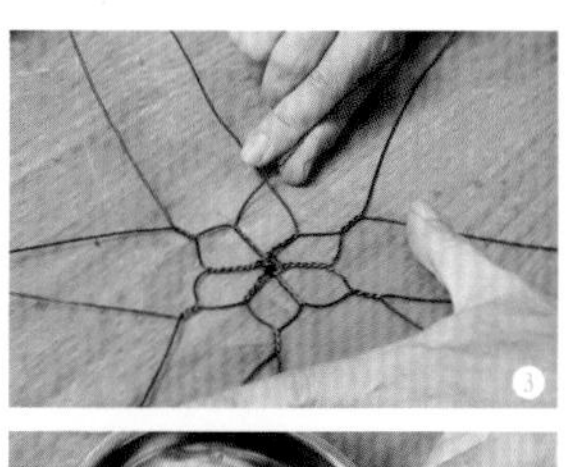

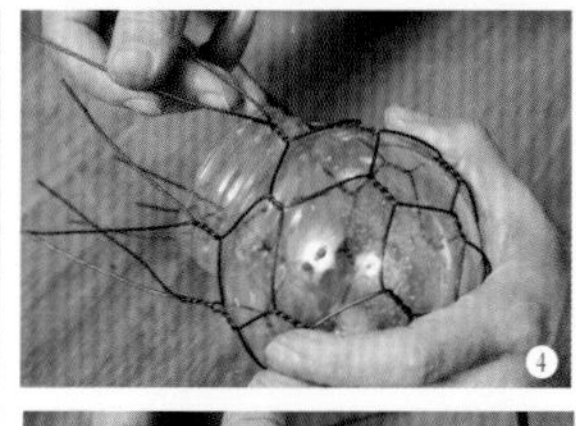

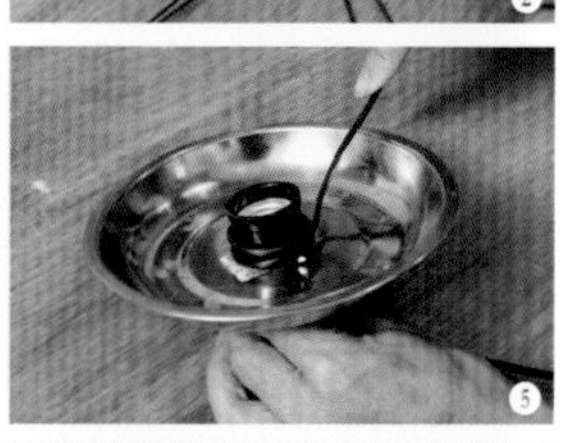

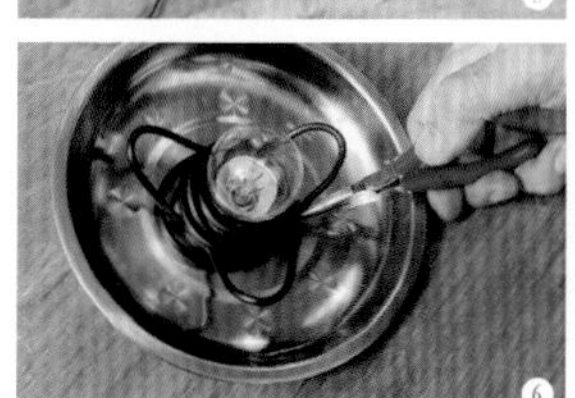

LEO TOLSTOY
1828–1910

旧书试管

准备

植物：星点藤

资材：旧书本、试管、胶水

工具：刀片

环境：半日照区、强烈散射光区、室内人造辅助光源区

浇水：保持满水

步骤

Step 1　先用试管在旧书本上量出所要的位置。

Step 2　用刀片将量好的位置切割出可放试管的空间。

Step 3　把胶水涂抹在书的两侧，让书页紧密黏合。

Step 4　将星点藤脱盆，洗净土壤。

Step 5　种入植物后，加水到八分满即可。

后记

在“小绿芽”成长发展的过程中，一直受到许多贵人给予如阳光般温暖的热情与帮助。除了感谢家人无私的全力支持外，更要感谢在我每次出现绝望放弃的念头时，无条件伸出援手的超级好朋友们。

感谢推我出来开店，在我退缩时又推我一把，逼我勇敢冒险的 Brad 和热情的陈家。

感谢让“小绿芽”真正落地发芽的台北花卉村，以及当时也落脚在花卉村的周于凯老师和陈垂训老师工作室，还有那一班专业的学生：阿展、家政、洁西、瑜秀。

感谢那些最早挖我上媒体的报界记者燕梅、梅慈，以及各大杂志编辑，我们配合过程中的各种心酸血泪与甜美，你们都懂得。

还要感谢一路相挺的台湾优良好厂商们：咏正的小余、万岱虹的家蓁、花漾的美玲与纹慈、首府、尚品行、真善美、树园艺、排骨、滨彰……你们总是在我最需要时，竭力为我想办法。

最后，最最需要感谢的人，当然是本书的总编辑、责任编辑与摄影师，你们忍受着我各种的情绪和抱怨，但仍旧不折不挠，在背后督促着我，让这本书诞生。

因为有以上所有的朋友，居家绿化与植栽设计才有机会在台湾逐渐受到重视，也非常感谢电视媒体界等朋友给予全力的支持，让“小绿芽”阿尼，能在这里分享植栽创作的喜悦。更希望未来能与大家继续合作，让绿色生命力开枝散叶，让精致农业能真正结合文艺创作，为环境绿化注入源源不绝的想象力。

著作权合同登记号：豫著许可备字-2015-A-00000254
原著作名：《手感家饰植栽》
原出版社：高宝书版集团
作　者：王胜弘

图书在版编目（CIP）数据

手感家饰植栽 / 阿尼著. —郑州:中原农民出版社，2015.10
ISBN 978-7-5542-1290-5

Ⅰ.①手… Ⅱ.①阿… Ⅲ.①观赏园艺 Ⅳ.①S68

中国版本图书馆CIP数据核字（2015）第211092号

出版：中原出版传媒集团　中原农民出版社
地址：郑州市经五路66号
邮编：450002
电话：0371-65788679
印刷：河南安泰彩印有限公司
成品尺寸：170mm×230mm
印张：11
字数：120千字
版次：2015年10月第1版
印次：2015年10月第1次印刷
定价：38.00元

Where there is life,there is hope
Growing green plants